Heinz Welz

Pferdeflüstern kann jeder lernen

Kommunikation im Round-Pen

KOSMOS

Ich widme dieses Buch meiner Frau Sabine, ohne die ich meinen Weg nicht gegangen wäre.

Bildnachweis

Farbfotos: Jean Christen / Kosmos (1: S. 53), Klaus-Jürgen Guni / Kosmos (13: S. 14, 27, 28 li., re., 33 li., re., 42, 44, 45, 46, 47, 104, 110, 111), Gabriele Kärcher (11: S. 75, 77, 78, 79, 80, 83, 85, 86, 89, 91), Lothar Lenz / Kosmos (1: S. 35), Christof Salata / Kosmos (6: S. 49, 51, 52, 54, 56, 57), Mona Schubert (4: S. 118, 119), Sabine Stuewer (7: S. 26, 29, 30, 31, 34, 38, 40), Sabine Welz (41: S. 18, 19, 25, 63, 65, 68, 70, 71, 73, 96, 97, 129, 132, 150, 151, 157, 160, 161, 169).
Alle weiteren Fotos sind von Horst Streitferdt / Kosmos.
Illustration: Natalie Grootaers (S. 21)

Der Verlag dankt dem Haupt- und Landgestüt Marbach herzlich für die großzügige Unterstützung der Fotoproduktion mit ihren Pferden und Reitern.

Impressum
Umschlaggestaltung von eStudio Calamar unter Verwendung von zwei Farbfotos von Christiane Slawik.

Mit 195 Farbfotos und 1 Illustration.

Gedruckt auf chlorfrei gebleichtem Papier

2. aktualisierte Auflage

ISBN 978-3-440-13306-4
Redaktion: Alexandra Haungs
Produktion: Nina Renz
Gestaltungskonzept: eStudio Calamar
Printed in Germany / Imprimé en Allemagne

FSC www.fsc.org MIX Papier aus verantwortungsvollen Quellen FSC® C110508

Dem Geheimnis auf der Spur

Die Kommunikation beginnt

Joining – Kommunikation im Round Pen

Service

Liebe Leserin, lieber Leser,

als ich im Frühjahr 2001 vom Verlag gefragt wurde, ob ich ein Buch zu meinem Seminarthema „Das Geheimnis der Pferdeflüsterer“ schreiben wolle, war ich zunächst skeptisch: ein ganzes Buch zu diesem Thema? Bis dahin hatte ich so etwas wie ein ‚Lied‘ im Kopf, das ich seit knapp drei Jahren ‚gesungen‘ hatte. Das Lied besaß drei Strophen, die „Grundkurs“, „Aufbaukurs“ und „Reitcamp“ hießen, und ich konnte mir – obwohl von Beruf Journalist – einfach nicht vorstellen, daraus ein ganzes Buch zu machen.

Jetzt sind es sogar drei geworden. Und das erste Buch liegt vor Ihnen. Aus dem kleinen Lied mit drei Strophen ist innerhalb eines knappen Jahres so etwas wie eine Oper in drei Akten geworden, deren Hauptdarsteller Mensch und Pferd sind. Aus den geplanten rund 150 Manuskriptseiten, ergänzt um eine Vielzahl farbiger Fotos, wurden satte 500 Seiten mit einigen tausend Bildern.

„Pferdeflüstern kann jeder lernen“, sollte der Titel des Buches lauten. Verlag und Autor waren sich aber sehr schnell einig, dass viele Leser von einem solch ‚dicken Schinken‘ schnell vergrault würden, und so wurde aus dem geplanten einen Buch eben drei: zweimal Praxis, einmal Theorie – alles säuberlich voneinander getrennt, um für Sie klare Linien zu schaffen.

Im *ersten*, vorliegenden Band geht es um Bodenschule im Round Pen mit all seinen Facetten – und zwar so wie es Könner zwar tun, aber meist nicht erläutern: Körpersprache, Schritt für Schritt erklärt. Statt Bodenschule müsste es eigentlich allerdings *Gefühlsschulung* heißen, denn darum geht es wesentlich in den hier beschriebenen Techniken und Verfahrensweisen: das Gefühl des Menschen für das des Pferdes zu sensibilisieren, seinen Blick für das Pferd zu schulen, und sein Gefühl für sein eigenes Gefühl.

Das *zweite* Buch wird ein Thema aufgreifen, dessen Bedeutung seit Jahrhunderten in allen möglichen Fachpublikationen zwar immer wieder betont wird, das aber noch nie wirklich behandelt wurde: die psychologischen Gesetzmäßigkeiten von Mensch und Pferd im Umgang *miteinander*. Außerdem werden in diesem Buch in der Fachliteratur ständig benutzte und dennoch höchst vage gebliebene Begriffe wie Fühlen und Gleichgewicht, Durchlässigkeit und Versammlung, Kommunikation und Beziehung im Umgang mit Pferden so erläutert, dass ihre wirkliche Bedeutung jedem verständlich wird, und somit von jedem gelernt und umgesetzt werden kann. Ergänzt wird das Buch durch psychologische Tests zur Selbsteinschätzung und Trainingsvorschläge zur Erfolgssicherung.

Das *dritte* Buch schließlich wird in zwölf Schritten zeigen, wie sich Mensch und Pferd mit Hilfe von Seil und Halfter am Boden so weit entwickeln können, dass jeglicher Umgang miteinander – auch vom Sattel aus oder vom Kutschbock – sicher, effizient und von gegenseitigem Vertrauen geprägt ist. Es knüpft somit – als Fortsetzung der Bodenschule – den zweiten Handlungsleitfaden für ein erfolgreiches Kommunikationstraining mit dem Pferd. Sie lernen, Ihr Pferd vom Boden aus in alle Richtungen zu bewegen, ein junges Pferd anzureiten, ein älteres Pferd umzustellen und jedes Pferd zu verladen.

Ich bedanke mich bei Andrea und Markus Eschbach von der Finca Verde (Teneriffa), bei Barbara und Dr. Edwin Dittus (Lanzarote) und beim RV Windeck-Herchen dafür, dass sie uns so großzügig ihre Anlagen und ihre Pferde für die Fotoaufnahmen zur Verfügung gestellt haben.

Und nun wünsche ich Ihnen *Erfolg* und viel *Vergnügen* beim Lesen und beim Üben!

Ihr Heinz Welz

Dem Geheimnis auf der Spur

Worum es echten Pferdeflüsterern geht, oder: Wie ein Buch Ihr Leben verändern kann

Ohne diese Seiten geht es nicht, wenn Sie die „Nummer Eins" werden wollen!

Herzlichen *Glückwunsch* zu diesem Buch! Höchstwahrscheinlich wird sich Ihr Leben bald ändern. Vielleicht nur ein klein wenig, vielleicht aber auch mehr. Das hängt ganz von Ihnen ab. Davon nämlich, wie Sie Gebrauch machen von dem, was hier erzählt, erklärt und gezeigt wird.

Das Leben soll sich ändern wegen eines Pferdebuchs? Ja, wie gesagt: Es kann! Es muss nicht!

Gehören Sie zu den Reitermenschen, denen es bisweilen vor einem Ausritt graut? Fragen Sie sich manchmal, warum Sie nach einer Dressurstunde mehr schwitzen als Ihr Pferd? Ärgern auch Sie sich, wenn Ihr Pferd Ihnen von der Weide freudig entgegenwiehert, sobald Sie aber die Hand mit dem Halfter heben, noch freudiger davonrennt?

Painthorse-Wallach Zan's Buck on Tour (kurz: Zan) und Autor Heinz Welz

Ansichten über Pferde

Schmerzt es Sie von Zeit zu Zeit, wenn Ihr vierbeiniger Freund bei einem kleinen Seitwärtsschritt auf Ihren Zehenspitzen steht? Spüren Sie die Liebe Ihres Pferdes, wenn es sich so an Ihnen schubbert, dass Sie über'm Anbindebalken hängen? Fühlen Sie sich schon mal überrumpelt, wenn Rebell *Sie* von der Weide oder über den Hof führt?

Fragen Sie sich manchmal, warum Ihre Stute grundsätzlich Plastiktüten von rechts meidet, Vögel von links fürchtet, Traktoren von hinten und Flugzeuge von oben? Wundert es Sie hier und da, dass Ihr Pferd Sie in den Po zwickt, wenn Sie es gerade so schön putzen, oder Ihnen in den Finger beißt, wenn Sie ihm ein „Leckerli" reichen?

Natürlich nicht. Denn Fee ist eben „verfressen" und „kitzlig"; Rola „guckig" und „nervig"; Filou „stur"; Pascal „eigensinnig" und Hela „ein Trampel". Von den vielen „rossigen" Stuten und „hengstigen" Hengsten (und auch Wallachen!), von den „nervigen" Vollblütern, den „sturen" Ponys gar nicht zu reden.

Das Jahrmillionen alte Quiz

So haben wir das Verhalten unseres Pferdes für uns eingeordnet – und damit basta! Und es ändert sich nichts! Im Gegenteil: Alles wird von Mal zu Mal noch ein bisschen schlimmer – bis Ihr Pferd Sie endlich da hat, wo *es* meint, dass *Sie* hingehören: eine Stufe tiefer, unter ihm.

Und dort stehen Sie, und merken es vielleicht gar nicht. Und schwitzen, zittern, leiden, ärgern und wundern sich weiter. Dabei spielt Ihr Pferd nur ein Quiz mit Ihnen. Dessen Regeln Sie leider nicht kennen. Deshalb verlieren Sie dauernd. Ihr Pferd jedoch beherrscht dieses Quiz aus dem Effeff. Denn seine Regeln und sein Ablauf sind seit Jahrmillionen im limbischen System* des Pferdegehirns gespeichert, weil es dieses Quiz schon so lange spielt, wie es seine Art gibt.

** Das **limbische System** gehört zum Großhirn. Es beeinflusst gefühlsmäßige Reaktionen als Antwort auf bestimmte Umweltsituationen.*

Die Frage im Quiz lautet immer: Wer von uns ist der Boss, wer von uns ist die Nummer Eins ? Und die Antwort ist wichtig. Denn der Boss gibt das Tempo und die Richtung an, die Nummer Eins darf zuerst fressen und saufen. Und bei der Vermehrungsfrage hat der Boss (wenn er männlichen Geschlechts ist) auch die Vorrangstellung – was ein Hengst als solcher bekanntlich zu schätzen weiß.

Partnerschaft: Christiane und ihre Araberstute Sanjusha fühlen sich wohl miteinander.

Natur und Kultur

Mit anderen Worten: Ihr Pferd ist nicht *charakterlos*, wenn es ihnen auf die Füße tritt oder sie abbockt, sondern *natürlich*. Und es benimmt sich natürlich.

Wir Menschen sind ebenfalls natürlich. Wir sind aber auch kultiviert. Und das ist nicht immer so vornehm, wie es klingt. Kultur ist all das, was der Mensch je hervorgebracht hat: Gestaltung und Zerstörung, Kunst und Kriege, Liebe und Laster, Wissen und Wahn.

Natur existiert hingegen ohne Zutun des Menschen. Daraus folgt: Das Pferd braucht den Menschen im Grunde nicht. Und doch muss es mit ihm leben. Je nachdem muss es ihn fürchten oder ihn (er-) tragen. Je nachdem eben, was der Mensch mit ihm anfangen möchte. Hier ist an unsere Verantwortung der Natur gegenüber zu erinnern, die zwar ohne uns existieren kann, aber mit uns oft genug nicht und meist mehr schlecht als recht.

Pferde – unsere Entwicklungshelfer

Wir Menschen brauchen das Pferd: zum *Spaß*, zum *Sport*, zur *Aufwertung* unserer Person. Wir haben es seit jeher gebraucht: zur *Arbeit* oder um *Kriege* zu führen. Das Pferd hat uns sogar geholfen, unsere menschliche Entwicklung zu beschleunigen. Denn ohne seine Kraft, seine Ausdauer und Schnelligkeit hätten die Menschen nie so viel so schnell kennen gelernt. Es hat uns durch Raum und Zeit getragen,

Menschen benutzen Pferde seit jeher zur Arbeit und um Kriege zu führen. Heute geht es eher um Spaß und Sport und um Freizeitgestaltung.

Dreimal Natur: Pflanzen, Tier, Mensch – Quelle manchen Missverständnisses

schneller als es unsere Füße je geschafft hätten. Dadurch haben wir schneller größere *Erfahrungen* gemacht, haben *gelernt* und uns *entwickelt*. Und dafür erwarten wir Menschen nun – die „Krone der Schöpfung“, dass das Pferd uns gehorcht und unsere Absichten versteht. Schließlich geben wir ihm ja „Hilfen“ und sprechen mit ihm – meist laut und deutlich wie frustrierte Eltern mit ihren missratenen Kindern: „Wirst Du wohl stehen bleiben?!!“, „Neein, lass' das!“, „Der blöde Bock! Immer...“, „Wenn Du das noch eeiinmal tust...!“, „Sei doch nur nicht immmmer so stur!“

Die Angst vor der Natur

Leider ist es so, dass wir vernunftbegabten Menschen oft genug vor der Natur versagen – einfach weil wir sie nicht *verstehen*. Und wir verstehen sie nicht, weil sie uns *Angst* macht. Zugleich aber übt sie einen großen *Reiz* auf uns aus. So nutzen wir sie (aus), wo wir können, und schützen uns zugleich vor ihr. Wie gesagt: Die Natur braucht uns nicht, aber wir können die Natur ganz schön missbrauchen. Der Schlüssel zum Besseren hieße folglich: *Verständnis*.

Das bedeutet jedoch nicht: Die Natur muss den Menschen verstehen, sondern: Der Mensch muss lernen, die Natur zu verstehen! Mit anderen Worten: *Wir* müssen die Sprache der Pferde lernen, ihre Empfindungen, Gefühle und Ausdrucksweisen. Und nicht umgekehrt danach trachten, dass uns die Pferde verstehen, *unsere* Gefühle, Empfindungen und Ausdrucksweisen.

Das tun die Pferde *sowieso* und zwar *ständig*, wenn sie mit uns zusammen sind. Schneller als wir denken können, nehmen sie unsere Gefühle und Empfindungen wahr. Aber sie ordnen sie anders ein: als *Stärke* oder als *Schwäche*. Stärke dabei wiederum entweder als Bedrohung oder als Anlass für Vertrauen. Schwäche als Anlass für Rempeln oder als guten Grund für Misstrauen. Wie gesagt: und das meist viel früher als wir es selbst tun.

Pferde wissen, worum es geht

Mit anderen Worten: Das Pferd weiß schon längst, worum es geht, während wir es ihm vielleicht noch zu erklären versuchen. Und nicht nur das: Es weiß sogar schon mehr als wir und hat schon längst – auf seine Weise – mehrfach reagiert. *Und wir haben es gar nicht gemerkt.* Die Reaktion kann ein Seitwärtsschritt auf uns zu sein oder vielleicht nur das Wegdrehen des Kopfes. Auf jeden Fall hat uns das Pferd damit eine *Information* gegeben. Und wir eine dem Pferd. Denn entweder sind wir einen Schritt zur Seite gegangen, oder wir haben das Wegdrehen des Kopfs nicht bemerkt.

Für das Pferd kann dies bedeuten: „Aha, der Mensch weicht mir aus – diesen Spielpunkt im Quiz habe ich gemacht." Oder: „Der merkt gar nicht, wenn ich ihn ignoriere, lass ihn ruhig weiterlabern

Im Miteinander der Pferde ist die kleinste Geste schon eine Information für das Pferd, die entsprechendes Verhalten nach sich zieht.

Auch Menschen „reden“ ständig, selbst wenn sie kein Wort sagen.

– das Spiel gewinne ich!“ Die Folge? Zunehmende Respektlosigkeit. Nein, nicht aus Charakterlosigkeit! Sondern umgekehrt: aus *Charakterstärke*, aus Notwendigkeit! Das Pferd *muss* sich so verhalten.

Man kann nicht nicht kommunizieren

Im Miteinander der Pferde, in der Herde und somit in jeder anderen sozialen Gemeinschaft ist die kleinste Geste, die kleinste Bewegung schon eine Information für das Pferd, die entsprechendes Verhalten nach sich zieht. Von den Pferden wird sie bis in die kleinsten *Feinheiten* verstanden. Wir Menschen nehmen meist nur die gröbsten Informationen wahr, wie etwa das Anlegen der Ohren.

Mit Menschen geht es uns übrigens auch nicht anders. Von dem Kommunikationswissenschaftler Paul Watzlawick stammt der Satz:

„Man kann nicht nicht kommunizieren". Mit anderen Worten: Alles ist Kommunikation, jegliches Verhalten hat Mitteilungscharakter – wie wir gucken, unsere Gesten, selbst wenn wir schweigen, kann das etwas bedeuten.

Wir „reden" also ständig miteinander, auch wenn wir gerade den Mund halten und nur dastehen. Deshalb kommt oft Misstrauen oder Missstimmung unter Menschen dadurch auf, dass die Worte etwas anderes sagen als Gesten, Mimik oder Verhalten.

Kommunikation unter Menschen, also die Weise, ob und wie Mitteilungen ausgesendet und wahrgenommen werden, besteht zu 55 Prozent aus körpersprachlichen Signalen, zu 38 Prozent aus klanglichen Eigenschaften („der Ton macht die Musik!") und nur zu 7 (!) Prozent aus den tatsächlichen Wortinhalten. Und gerade darauf legen wir doch so großen Wert!

Analphabet Mensch

In unserer Kommunikation mit Pferden können wir die 7 Prozent auch noch getrost streichen. Kein Wunder, dass wir Menschen – so gesehen – Pferden gegenüber als ziemliche *Analphabeten* dastehen. Wir sprechen mit unseren Pferden und wissen nicht, was wir sagen (jedenfalls nicht das, was unser Gesprächspartner daraus entnimmt). Kein Wunder, dass zwischen Mensch und Pferd gelegentlich eine *babylonische Sprachverwirrung* besteht – mit bisweilen unangenehmen Folgen. Das Pferd „liest" uns auf seine instinktive Weise (umfassend) und ver-

Zan führt gerade ein intensives Gespräch mit mehreren Gesprächsteilnehmern: Beide Ohren weisen in unterschiedliche Richtungen, wobei das linke Ohr eher lauscht, während das rechte, keck schräg-seitwärts gestellte Ohr überdies Unmut bekundet. Das Maul des Wallachs ist fest geschlossen und sein leicht konvex vorgewölbter Unterhals verraten ein wenig Widerstand.

hält sich entsprechend instinktiv. Es kann nicht anders. Wir „lesen“ das Pferd auf unsere Weise (sehr eingeschränkt) und verhalten uns entsprechend (meist falsch). Wir könnten anders.

Doch was tun wir Menschen, wenn wir uns nicht verstanden fühlen? Wir werden – je nach Charakter, Temperament oder Intelligenzgrad – immer lauter und wir schlagen zu; oder wir bekommen es mit der Angst zu tun und laufen weg.

Nach und nach gibt der Wallach seinen Widerstand auf: Zunächst wendet er dem Menschen seinen Kopf zu und lässt dabei seinen Hals ein wenig fallen (oben). Erst als er sich dem Menschen weitgehend zugewandt hat, kommt auch sein rechtes Ohr nach vorne.

Freund, Raubtier, Trottel

Je nach Verhaltensweise erkennt das Pferd in uns folglich entweder den Chef, den Freund, das Raubtier oder den Trottel. Es wird uns das nie sagen können, sondern sich „nur" entsprechend *verhalten*. Es liegt nun an uns, ob wir erkennen, dass wir tatsächlich Chef sind oder Furcht erregendes Raubtier, Schmusepartner oder Trottel.

Oder vielleicht nur ein als Raubtier verkleideter Trottel, der mit der Peitsche powert und mit den Sporen sticht. Das Pferd wird uns auf jeden Fall richtig identifizieren – und sich folgerichtig verhalten: entweder panisch oder respektlos, es „macht zu" oder es spielt uns clever aus.

Wenn wir Menschen die Sprache des Pferdes nicht verstehen, dann reicht die Skala der Missverständnisse beim Menschen von Enttäuschung bis zu ernsthafter Verletzung; beim Pferd von Frust bis zu ernsthafter Misshandlung oder vielfältigen Krankheitssymptomen. Die Bilanz sieht dann so aus: ausgepowerte Pferde hier, verbiesterte Menschen da.

Unterschiedliche Blickwinkel: Selbst für manche erfahrenen Pferdeleute ist es eine Horrorvision einem freien Pferd den Rücken zuzuwenden…

Holzhacker contra Tennisspieler

Wenn wir nicht lernen, die Natur des Pferdes zu verstehen, dann können wir sie entweder nur mit *Gewalt* beherrschen und sie im schlimmsten Fall zerstören. Oder wir *werden* beherrscht. In der Regel aber wird es ein labiles Gleichgewicht des Schreckens sein, mit viel *Frust* und viel *Unverständnis.*

Käme ein Holzhacker je auf die Idee, mit einem Tennisspieler ein Tennismatch um Preise und Punkte zu vereinbaren, wenn er kaum Technik und Regeln des Tennisspiels beherrschte? Wohl kaum.

Was würden Sie – umgekehrt – als versierter Tennisspieler machen, wenn Ihnen das Match dennoch angeboten würde? Zunächst sich wundern. Dann würden Sie sich versichern, dass das Preisgeld stimmt, den Holzhacker ‚mit links' vom Platz fegen und das Preisgeld kassieren.

So geht es uns Pferdeleuten oft genug. Nur: *Wir* sind der Holzhacker in diesem Spiel, und das Pferd schwingt das Tennisracket. Um es klar zu sagen: Wir Menschen sind in dieser Angelegenheit die Unerfahrenen, die Pferde die Herren des Verfahrens. Wir ahnen es, aber wir mögen es nicht. Deshalb kommen wir gerne auf die Idee, nach dem ersten verlorenen Satz, unserem Gegner, dem versierten ‚Tennisspieler', den Arm *festzubinden* oder ihn mit dem Beil zu *bedrohen.*

Vertraute Nähe: Wer die Natur beherrschen will, muss ihr gehorchen. Misstrauen und Gewalt rächen sich. Vertrauen zahlt sich aus.

Vernunft und Verstand

All dies muss nicht sein. Was Not tut, ist: die *Sprache* der Pferde zu lernen, ihre *Regeln*, ihre *Ausdrucksarten* und *Verhaltensweisen* und all das, was dahinter steht. Also einfach *die* Rolle spielen, die uns die Schöpfung zugedacht hat: die des *vernunftbegabten* und mit *Verstand* ausgestatteten Lebewesens. Vernunft und Verstand sind gefragt. Laut Duden ist unter *Vernunft* die menschliche Fähigkeit zu verstehen, *„sinnliche Wahrnehmungen geistig zu verarbeiten und in ihrem Zusammen-hang zu begreifen"*. Verstand ist demzufolge die menschliche Fähigkeit des *analytischen Denkens und Urteilens.* Bedauerlicherweise verhalten wir Menschen uns im Umgang mit Pferden in beider Hinsicht jedoch nur selten nach Dudendefinition.

Trotz unseres Verstandes begreifen wir nicht, dass wir uns der Natur entsprechend verhalten müssen, um mit ihr – zu beider Nutzen – optimal zu leben. Die Engländer scheinen dies begriffen zu haben. Denn eines ihrer Wörter für die Steigerung von Verstand, nämlich „gesunder Menschenverstand", lautet – „Horse sense"!

Pferdeverstand! „Gesunder“ Menschenverstand wird dort offensichtlich mit Pferde-Denken verknüpft!

Bei der Vernunft hapert's nicht minder: Wer nimmt schon ein Pferd wirklich wahr, wenn er es einen ‚Bock‘ nennt oder einen ‚Spinner‘? Guten Pferdeleuten eilte schon immer der Ruf voraus, sie könnten „wie Pferde denken“. Und jeder war fasziniert zu sehen, wie diese Menschen mit Pferden umgingen, wie sie von den Pferden verstanden wurden. Leider war selten einer von ihnen in der Lage, zu erklären, wie das funktioniert: *wie ein Pferd zu denken.*

Der Natur gehorchen

Glücklicherweise haben das mittlerweile einige nachgeholt – so genannte „*Pferdeflüsterer*“ – beziehungsweise deren Vor- oder Nachfahren. Menschen, deren Grundsatz lautet: „Willst Du die Natur beherrschen, dann musst Du ihr *gehorchen*!“ Und nicht: „...die Erde Dir untertan machen.“ Wer Pferde verurteilt, wenn sie nicht gehorsam sind und Ärger machen, wer sie „kitzlig“, „nervig“, „stur“ oder „büffelig“ nennt, hat nur noch nicht richtig hingehört, hingeschaut, hingefühlt, was ihm sein Pferd damit sagen will. Statt dessen hat er eine Schublade seines Vorurteilschränkchens geöffnet (das bei jedem in der Kammer der Beschränktheit steht) und sein Pferd hineingestopft. Er ist nicht offen für sein Pferd (und dessen Nöte und Bedürfnisse), sondern er stellt sich taub. Er horcht nicht auf die Natur.

Dazu bedarf es keiner besonderen Fähigkeiten und Gaben. Alles, was wir dafür brauchen, besitzen wir bereits: Augen zum Sehen, Ohren zum Hören und Haut zum Fühlen. Zusätzlich dazu hat uns die Evolution den Verstand beschert. Alles über den Umgang mit Pferden (und mit Menschen) in Einklang zu bringen, das ist das „Geheimnis” der Pferdeflüsterer. Deswegen ist der Begriff „Pferdeflüsterer” vielleicht aber auch so verpönt: Weil er Forderungen stellt an Menschen – hinzuhören, wenn man losschwätzen will, leise zu werden, wo man doch am liebsten schreien oder zuschlagen würde und genauer hinzuschauen, obwohl man sich doch längst sein Bild gemacht hat.

Worum es echten „Pferdeflüsterern“ geht, ist, Menschen beizubringen, wie „Horsemen“ zu *fühlen*, zu *denken* und zu *handeln*. Ein guter Pferdemensch findet nämlich irgendwann selbst *eigene* Antworten. Und wenn das der Fall ist, dann hat sich auch sein Leben – wie gesagt – ein Stückchen geändert. Herzlichen Glückwunsch!

Wie Sie Ihr Geld für das Buch zurückbekommen

So haben Sie am meisten davon!

Dies ist ein durch und durch *praktisches* Buch. Das heißt: Es soll gebraucht werden können und *Nutzen* bringen. Wenn es nicht gebraucht wird, hat es für Sie keinen Nutzen. Dann war es ein teures Buch und Sie haben sinnlos *Energie* verpulvert.

Gebrauchen Sie es, so wird es Ihnen vielfältige Vorteile bringen und Sie haben Energie gewonnen. Da auch Geld letztendlich eine Form von Energie ist, haben Sie das Buch – so gesehen – dann schon mal mindestens ‚kostenlos'. Wenn Sie es noch geschickter anstellen, holen Sie sogar mehr aus dem Buch raus und können am Ende sagen: „Es hat sich nicht nur ausgezahlt – es hat sich *mehr als gelohnt*!"

Sorgen Sie also dafür, dass es sich für Sie lohnt (und auch für Ihr *Pferd* und vielleicht noch für den einen oder anderen *Freund*). Nutzen Sie es gut. Autor und Verlag haben versucht, es Ihnen so einfach wie möglich und nur so schwer wie nötig zu machen. Schließlich geht es bei unserem Thema um „Kommunikation", um einen Prozess des *Mit-teilens* und der Verständigung.

Diese Karikatur stammt aus der Feder von Natalie Grootaers (18). Natalies Pferde freuen sich über das neu erschienene Buch von Heinz Welz.

Wissen vor Tun

Kommunikation ist immer (mindestens) zweibahnig. Die Absender (Autor/Verlag) haben für optimale Aufbereitung der Information zu sorgen; die Empfänger (Leser) müssen aber auch etwas tun: sich öffnen, aktiv werden, die Information aufnehmen. Weder Absender noch Postbote können sich Zugang zum Haus verschaffen. Der Empfänger muss sich die Botschaften schon selbst aus dem Briefkasten holen. Damit dies aus Absendersicht optimal funktioniert, haben sich Autor und Verlag um eine anschauliche Sprache, um schlüssige Handlungsanweisungen und informative Bilder gekümmert.

Bevor Sie in die Praxis einsteigen, sollten Sie das Buch mindestens einmal vollständig lesen. Denn alles richtige *Tun* fängt mit *Wissen* an. Das gilt auch für den Umgang mit Pferden: Ehe Sie Ihrem Vierbeiner etwas beibringen, müssen Sie erst einmal *selbst* wissen, wie es geht.

Neben dem Wissen steht das *Wollen*. Wenn Sie etwas nicht wollen, werden Sie es auch nicht tun. Das leuchtet jedem ein. Mag sein, dass sich etwas in Ihnen dagegen sperrt. Dann haben Sie es entweder nicht richtig verstanden – das ist normal und dagegen hilft ein einfaches Rezept: nachlesen, nachfragen und *nachdenken*. Oder Sie haben es mit einer üblen Erfahrung verknüpft. Dann sollten Sie es trotzdem versuchen – vielleicht erreichen Sie diesmal ja ein anderes Ergebnis. Oder Sie können oder wollen nicht über Ihren Schatten springen, dann müssen Sie es lassen und so weitermachen wie bisher. Das ist *Ihre* Entscheidung.

Joining zu zweit: Wenn ein Seminarteilnehmer unsicher ist, wird er geführt. In dieser Szene und auf der nächsten Seite lernt Jan, die richtige Position einzunehmen um Sanjusha mit seinem Körper einen klaren Folgeauftrag zu erteilen.

Probieren, bis es passt

Vielleicht ist aber auch ein (Vor-)Urteil im Spiel, ein von anderen (unüberlegt) übernommenes *Urteil*. Fragen Sie sich ehrlich und aufrichtig: Was wäre das *Ergebnis* für mein Pferd und für mich, wenn ich so weitermachen würde wie bisher, oder umgekehrt: wenn ich es mal anders probierte?

Eines ist sicher: Wer stets nur das macht, was er schon immer getan hat, bekommt auch ständig die gleichen Ergebnisse. Wenn er damit unzufrieden ist, muss er eben etwas anderes *probieren*. So lange, bis es passt!

Dieses Buch enthält einige Kapitel, die Sie *„auf gar keinen Fall"* oder *„besser nicht"* lesen sollten. Auch das ist Ihrer Entscheidung unterworfen. Bedenken Sie: Die meisten Probleme, die unser Pferd hat, hat es nun mal leider mit uns. Da reicht es nicht, das *Pferd* ändern zu wollen. In erster Linie müssen wir bei *uns selbst* ansetzen. Das ist schwer – vor allem auf den ersten Blick. Wenn Sie sich für annähernd perfekt halten, sollten Sie diese Kapitel unbedingt überschlagen. Sonst könnten Sie etwas von Ihrer Perfektion verlieren ...

Die Tat bringt Vollendung

Wenn Sie das Buch zu Ende gelesen haben und zu der Überzeugung gelangt sind: *„Das kann mir etwas bringen"*, dann sollten Sie es umsetzen, denn ohne *Handeln* bleibt alles *nichts*. Nur die *Tat* bringt Vollendung. *Üben* Sie also alles, denn nur stetiges *Wiederholen* führt zur Meisterschaft. „Einmal", sagt das Sprichwort, „ist keinmal". Richtig! Wer nach dem Motto verfährt: „Hat doch funktioniert, jetzt was anderes", der wird auf Dauer nur unvollständige Ergebnisse hervorbringen.

Denken Sie daran: Wir wollen in den Pferden (und in uns) eine Reihe *unerwünschter Gewohnheiten* abbauen, die durch mangelndes Wissen und falsches Handeln in der Vergangenheit entstanden sind, und die vielleicht zu Angst, Ärger und Verdruss geführt haben. An ihrer Stelle wollen wir eine Reihe *guter Gewohnheiten* installieren. Das geht nicht von heute auf morgen. Deshalb: Üben Sie sich in Geduld. *Geduld und Beharrlichkeit* sind der Schlüssel zum *Erfolg*. Die meisten Misserfolge entstehen nicht wegen Unfähigkeit, sondern weil die Menschen zu schnell aufgeben.

In diesem Sinne wünsche ich Ihnen viel *Erfolg*.
Werden Sie eine echte Nummer Eins!

***Bild oben:** Jan soll sich so drehen, dass das Pferd hinter seiner Schulterlinie herläuft.*
***Bild Mitte:** Die richtige Position ist fast erreicht.*
***Bild unten:** Sanjusha kann folgen.*

Mein Dank

Statt eines Alleinvertretungsanspruchs

Dieses Buch hat viele Väter (und auch Mütter!). Und wie Väter und Mütter nun mal sind, erheben sie gern einen *Alleinvertretungsanspruch* in Sachen Erziehung und Ausbildung ihrer Kinder. Und wie alle Menschen neigen sie auch dazu, sich für den Nabel der Welt zu halten. Sie glauben, das Rad neu erfunden oder das Ei des Kolumbus (wieder-)entdeckt zu haben. Aus dem Blickwinkel jedes Einzelnen stimmt das auch: Aus seiner Sicht ist er der Erfinder alles Geschehens in ihm und um ihn herum, das er *wahrnimmt*.

Dennoch war das meiste, für das wir die Urheberschaft reklamieren, in der einen oder anderen Weise schon irgendwo und irgendwie vorhanden. Weil wir nichts davon wussten, hielten wir es vielleicht für nicht existent. Das ändert nichts an der Tatsache, dass es doch schon da war. Ein Großteil der Erfindungen wurde – das lehrt die Wissenschaftsgeschichte – zeitgleich an unterschiedlichen Orten der Welt von unterschiedlichen Menschen gemacht.

Die Dorrance-Brüder haben mich die Bedeutung des Wortes *„fühlen"* neu entdecken lassen.

Das schmälert die Leistung jedes Einzelnen um keinen Deut. Vielleicht ändert es nicht einmal etwas an der Urheberschaft. Lediglich der *Alleinvertretungsanspruch* kann nicht aufrechterhalten werden.

So ist es auch mit dem Thema dieses Buches. Viele Urheber reklamieren ihren Alleinvertretungsanspruch. Das sei ihnen nachgesehen. Ich jedenfalls möchte mich bei jedem von ihnen bedanken für das, was er mir geschenkt hat für einen besseren Umgang mit den Pferden, mit *mir* und mit der *Natur*.

Ich reklamiere lediglich Urheberschaft für meine eigenen,neuen Gedankenverknüpfungen und die Worte, die ich dafür gefunden habe. Alles andere wurde mir geschenkt. So danke ich all denen, von denen ich gelernt habe und deren Gedanken, Erkenntnisse und Erfahrungen mit in dieses Buch eingegangen sind: Richard Bandler, Bill und Tom Dorrance, John Grinder, Klaus-Ferdinand Hempfling, Ray Hunt, Fredy Knie senior, Samy Molcho, Pat Parelli, Sam H. Powell, Emile Ratelband, Anthony Robbins, Monty Roberts, Richard Shrake, Linda Tellington-Jones, Mary Wanless, Prof. Klaus Zeeb u. v. A.

Die Dorrance-Brüder haben mich vor allem die Bedeutung des Wortes *„fühlen"* neu entdecken lassen. Und sie haben meine Sinne geschärft für die *Ganzheitlichkeit* des Wesens Pferd. Pat Parelli, ihr vielleicht klügster Schüler, hat mich vor allem durch die *Systematisierung* der Gedanken seiner Lehrer stark beeinflusst. Fredy Knie senior und Klaus Zeeb einerseits, Sam Powell („Teaching by asking“) und Richard Shrake („Resistance free training“) andererseits haben mir vor vielen Jahren überhaupt erst den Blick dafür geöffnet, dass Pferde Lebewesen mit einer eigenen Meinung sind, die respektiert werden muss. Nicholas Evans, dem Autor des Romans „Der Pferdeflüsterer“, und Monty Roberts, der durch seine Autobiografie „Der mit den Pferden spricht“ der hierzulande wohl populärste Horseman geworden ist, verdankt das Thema seine große öffentliche Wirkung und Schubkraft.

Die von Monty Roberts' „Join up“ abgeleitete Technik des Joining ist meines Erachtens die *Basis* jeglicher Kommunikation mit dem Pferd. Und Klaus Ferdinand Hempfling kam gerade zur richtigen Zeit, um die Menschen im deutschsprachigen Raum *in Bewegung zu bringen*. Einem, den ich nie kennen lernen konnte, weil er zu Anfang des letzten Jahrhunderts lebte, Stefan von Máday, ist dafür zu danken, dass er uns noch heute lehrt, dass vieles von dem, was für eine amerikanische Entdeckung heutiger Tage gehalten wird, in Europa schon vor 300 Jahren erkannt und beschrieben worden ist.

All dies sind nur die wesentlichen Lehrer. Es wären noch viele andere zu nennen, die mir auf meinem Weg begegnet sind. Vor allem meine über 5000 Schüler der letzten vier Jahre. Auch auf diesem Wissensgebiet steht die Entwicklung nicht still. Die Pferdesprache birgt für Menschen noch unendlich viel *Unbekanntes*. Machen Sie deshalb Ihre eigenen Erfahrungen. Lernen Sie mit und von Ihrem Pferd und geben Sie Ihr Wissen weiter.

Mein Dank an die Pferde ist uneingeschränkt. Sie haben mir alles erzählt, ich *hätte* von ihnen alles lernen können. Doch ich war lange nicht *reif* dafür (und bin es für vieles vielleicht immer noch nicht). Der größte Dank gilt jedoch meiner Stute Rawhide Buck. Sie hat mich ertragen, als ich unerträglich war; sie hat mich so manches Mal getragen, als ich nicht wusste, wo ich zu stehen hatte; und sie hat mich oft beschenkt, obwohl ich es nicht verdient hatte.

Bucks Sohn Zan, der die Erziehungsarbeit seiner Mutter an mir fortsetzt.

Rawhide Buck vor zehn Jahren mit Welz-Sohn Benedikt im Sattel und ihrem Sohn Zan bei Fuß.

Die Kommunikation beginnt

Gefühl und Folgsamkeit

In diesem Kapitel erfahren Sie, welche Bedeutung Gefühle für Mensch und Pferd haben, was Pferde von Natur aus zum Glücklichsein brauchen, und was wir Menschen daraus lernen können.

Das Pferd ist *von Natur aus* ein *Flucht- und Beutetier*, das in einer aus vielen *Familienverbänden* bestehenden *Herde* lebt. Dort erfährt es Sicherheit vor äußeren Feinden, denn es wird mit und durch die Herde geschützt, die angeführt wird von einer *Leitstute*, und eskortiert von einem *Leithengst*. Die Leitstute ist entweder die Gründerin des Familienverbandes oder aber aufgrund ihrer Erfahrung ‚ausgewählt'.

Wenn die Leitstute sagt: „Kommt!" oder der Leithengst: „Folgt!", dann folgen sie alle, nicht nur die Jungtiere, auch die erwachsenen Stuten. Leitstute und Leithengst sind wegen ihrer *Kraft* und ihrer *Erfahrung* die unumstrittenen Autoritäten in jeder Herde, denen man widerspruchslos *folgt*.

Was einem anitiautoritär eingestellten Menschen der Nach-68er-Generationen – auf menschliche Verhältnisse übertragen – wie Provokation pur vorkommen mag, macht für jedes einzelne Mitglied der Pferdeherde jedoch Sinn: Sozialstaat „hoch 7". Denn: Nicht nur, dass es im Herdenverband (relativ) sicher lebt, es muss sich selbst auch keine Gedanken über Wasser- und Futterplätze oder über den besten Witterungsschutz machen, und es kann weitgehend ungestört soziale Kontakte pflegen.

In der Herde gilt das Prinzip der Folgsamkeit. Nur folgsame Pferde sind auf Dauer überlebensfähig.

Folgsamkeit sichert Überleben

Läge dem *nicht* das Prinzip Folgsamkeit zugrunde, müsste jede Aktion im Leben der Herde ‚durchdiskutiert' werden. Die Folge wäre: Vereinzelung oder Kleinstgruppenbildung, da höchstwahrscheinlich keine Einigkeit zu erzielen wäre. Dadurch würde das Leben aller aber weitaus unsicherer, weil ihnen weder der Schutz der Herde noch die Erfahrung älterer Tiere zugute käme.

Aus gutem Grund also hat die *Natur* für das Fluchttier Pferd das Leben in Gruppen vorgesehen. Und dort herrscht das Gesetz der Folgsamkeit. Das Pferd ist also *von Natur aus* folgsam, denn *Folgsamkeit* sichert nicht nur sein *Überleben*, sondern auch sein *Wohlergehen*. Im Grunde hat das Fluchttier Pferd nur ein *Bedürfnis*: zu überleben. Und dazu gehört Sicherheit vor Feinden und ausreichend Nahrung.

Wenn man die soziale Komponente mit berücksichtigt, kommt man zum Schluss, dass Pferde zum „Glücklichsein" somit dreierlei brauchen: *Sicherheit, Nahrung und Sozialkontakte.*

Folgsamkeit ist, so gesehen, also eine unabdingbare Voraussetzung dafür, sicher leben, ungestört fressen und saufen zu können und sich bei Bedarf sozialen Beziehungen zu widmen.

Pferde brauchen zum Glücklichsein dreierlei: (Überlebens-) Sicherheit, Nahrung, Sozialkontakte.

Die Rangordnung in der Herde verändert sich ständig. Kampf ist selten. Die kleinen Gesten überwiegen. Nur die Jungen raufen mit Freude.

Die Rangordnung

Das Prinzip der Folgsamkeit gilt in der Herde – genau betrachtet – unter *allen* Herdenmitgliedern. Damit das Prinzip funktioniert, besteht innerhalb der Herde eine klare *Rangordnung*: Jeder folgt dem jeweils Ranghöheren, und *alle* folgen der Leitstute. Die *Leitstute* führt *alle* – unabhängig vom Geschlecht, der *Leithengst* deckt die Stuten, hält die Junghengste in Schach und verteidigt die Herde bisweilen gegen Angreifer.

Jedes Herdenmitglied kennt also seinen Rang innerhalb der Gemeinschaft. Das heißt jedoch nicht, dass dieser Rangplatz ein Leben lang unangetastet bliebe. Die Rangordnung in der Herde verändert sich *ständig* wie das Leben selbst: Jungpferde werden eingeordnet und ordnen sich unter; alte oder schwächere Tiere sinken in der Hierarchie ab. Und dennoch ändert sich eines nicht: das *Prinzip* der Folgsamkeit.

Diese ständigen Hierarchie-Veränderungen sind übrigens nur selten das Ergebnis von *Kampf*, wenn etwa ein Leithengst seine Herde gegen einen Konkurrenten verteidigt. Selbst Junghengste gehen recht glimpflich miteinander um. Zwar *raufen* sie einen Großteil des Tages miteinander, aber ohne sich ernsthafte Verletzungen zuzufügen. Ihr 'Kampf' ist vor allem Training für den Tag X, an dem sie versuchen werden, sich das Anrecht auf eine eigene Herde zu erkämpfen.

Innere und äußere Stärke

Klaus Ferdinand Hempfling hat in Herden in den spanischen Pyrenäen etwas Bemerkenswertes festgestellt: dass nämlich nur in den *unteren* Chargen die Rangordnungskämpfe mit vergleichsweise harten Mitteln ausgetragen werden. „Hier wird gebissen und geschlagen, das 'untere, niedere Volk' prügelt sich um die Plätze am unteren Ende der Hierarchieleiter".

Je weiter oben ein Pferd angesiedelt sei, desto weniger grobe Mittel setze es ein, um seine Stellung zu behaupten, oder weiter nach oben zu kommen.

Dominante Pferde schließlich, diejenigen, die die Führung innehaben, brauchen kaum mehr körperliche Mittel einzusetzen, um ihre Position zu behaupten. Sie genießen den *Respekt* ihrer Artgenossen. „Denn von ihrem Instinkt", sagt Hempfling, „von ihrer Wachsamkeit und Erfahrung hängt das Schicksal aller ab".

Dabei sind es nicht unbedingt die *körperlich* Stärkeren, die die Führung innehaben, oft wurde sogar beobachtet, dass Leitstuten eher kleine, schmächtige Tiere sind. Doch sie besitzen offenbar ‚das gewisse Etwas', das ihnen vor allem eine *innere Stärke* verleiht, die es weitgehend überflüssig macht, auf Körperkraft setzen zu müssen. Sie haben *Autorität.*

Rangplätze wechseln in Alltagssituationen des sozialen Miteinanders: Wer hat als erster Zugang zu den besten Futterplätzen oder Wasserstellen?

Viel häufiger als im Kampf wechseln Rangplätze in den unterschiedlichen Situationen des *sozialen Lebens*, wie etwa bei der Futteraufnahme. Dabei entscheidet sich, wer als erster Zugang zu den besten Futterplätzen oder Wasserstellen hat und in welcher Reihenfolge das geschieht. Rangordnungsauseinandersetzungen sind also weniger Kampf als Alltagsverhalten von Pferden zur Klärung von Folgsamkeit. Folgsamkeit wiederum dient letztlich dem Überleben.

Folgsamkeit entsteht also aus Rangordnungsverhalten und *sichert* Überleben. Diese Erkenntnis ist eine der zentralen im Umgang mit Pferden und wird uns noch genauer beschäftigen.

Stärker oder schwächer?

Hempfling macht darauf aufmerksam, dass Pferde aufgrund ihrer Jahrmillionen alten genetischen Anlage bei der ersten Begegnung mit fremden Artgenossen deshalb „vor allem und zuerst nur eine einzige, sehr einfache Unterscheidung“ treffen: „Ist er *stärker oder schwächer* als ich?“ Man könnte auch sagen: „Soll ich ihm/ihr folgen, oder muss er/sie mir folgen?“ Die Antwort kann für das Pferd im Ernstfall überlebenswichtig sein. Pferde sind überdies gewohnt, *sofort* eine Entscheidung über stärker oder schwächer zu suchen. Diese Entscheidung gilt, so lange sie nicht in Frage gestellt wird.

Die Fragen und Antworten werden (zumindest sichtbar) mittels der *Körpersprache* ausgetauscht. Bei der ersten Begegnung etwa:

Für Pferde eine überlebenswichtige Frage: „Ist der andere stärker oder schwächer als ich?“

sich gegenseitig beschnüffeln, quietschen, mit dem Vorderbein ausschlagen. Später: mit scharfem Blick und angelegten Ohren drohen, mit den Zähnen beißen und den Hufen treten. Zu den körpersprachlichen Botschaften gehört aber auch *Imponiergehabe* wie Piaffieren oder Steigen und *Demutsgesten* wie Leerkauen, Rückwärtsweichen oder Weglaufen.

Körpersprache legt Gefühle frei

Was *hinter* jeder körpersprachlichen Botschaft jedoch steht, danach hat bislang kaum jemand gefragt. Dabei wäre diese Frage die Entscheidende. Was hinter jeder körpersprachlichen Botschaft steckt, sind nämlich *Gefühle*. Der Körper wird zu seinen Bewegungen *angetrieben* durch geistige und seelische Vorgänge. Der Körper *zeigt* die Gefühle, die das Pferd in der jeweiligen Situation und im jeweiligen Augenblick in sich trägt.

In die Tiefen der Gefühle hinabtauchen

Wer also die Körpersprache von Lebewesen wie Pferden zur Kommunikation entziffern will, der muss in die Tiefen der *Gefühle* hinabtauchen. Mit anderen Worten: der muss sich auch mit *Psychologie* beschäftigen. Das mag einer der Gründe sein, warum Pferde uns immer noch so viele Rätsel auferlegen: Ihr Seelenleben ist uns fremd, ja wahrscheinlich sogar suspekt.

So suspekt wie unser eigenes. Auch wir Menschen bewegen unsere Hände und Füße nicht aufgrund irgendeiner seelenlosen Mechanik, sondern aufgrund von Gedanken und Gefühlen. Bisweilen sagen und zeigen wir sogar, dass wir *bewegt sind*: Uns laufen dann Tränen die Wangen hinab, weil wir traurig oder wütend sind, oder 88 Gesichtsmuskeln formen ein Lächeln, weil irgendetwas in unserem Inneren sagt, dass wir jetzt froh sind.

Mit der Psyche beschäftigen wir uns nicht gerne. Psychologische Themen sind für viele Menschen immer noch etwa zwischen Flugzeugabsturz und Kopfschmerzen angesiedelt. Und dennoch ändert das nichts an der Tatsache: Nach dem *Gefühl* richtet sich beim Pferd alles, von Geburt an.

Wahrscheinlich unterscheiden wir Menschen uns in dieser Hinsicht gar nicht so sehr von Pferden (und anderen Lebewesen), nur dass sich im Lauf der Evolution unser menschlicher Verstand mit seinen mehr oder weniger sinnvollen Erklärungen so in den Vordergrund gedrängt hat, dass unsere ursprüngliche Gefühlswelt dadurch weitgehend ins Abseits gedrängt wurde.

Hinter jeder Bewegung, hinter jeder körpersprachlichen Botschaft steht ein Gefühl oder ein Gedanke.

Fühlen lernen – eine bekannte Forderung

Die gesamte Reitliteratur ist durchzogen von der Forderung, der Reiter müsse sein Pferd fühlen. So heißt es etwa in den „Richtlinien Reiten und Fahren", der ‚Bibel' der deutschen Reiterei: „Merke: Das ‚Gefühl des Reiters' sorgt entscheidend für eine harmonische, vertrauensvolle und wirkungsvolle Verständigung zwischen Reiter und Pferd."

Und Wilhelm Müseler schrieb in seiner viel gelesenen und richtungweisenden „Reitlehre": „Das Gefühl soll dem Reiter sagen, wie sein Pferd geht, welche Einwirkungen und Hilfen notwendig sind, und mit welchem Nachdruck sie zu geben sind."

Freilich steht nirgendwo geschrieben, *wie* der Reiter denn dieses Gefühl erlangt, geschweige denn, was Gefühl *ist*. Und erst recht kommt niemand auf die Idee, dass diese grundlegende Eigenschaft am besten zunächst nicht *auf* dem Pferd erworben wird, sondern *daneben*.

Denn, wer erst einmal auf dem Pferd sitzt, läuft im Krisenfall Gefahr, mit Gewalt zu reagieren – weitaus mehr jedenfalls als vom Boden aus. Kein Wunder: wenn wir – im Sattel – erst einmal unserer Balance beraubt sind, fällt es schwer, gelassen zu bleiben. Zwar behält auch längst nicht jeder beim Führen seines Pferdes vom Boden aus oder beim Training die notwendige Gelassenheit, die emotionalen Bedingungen sind dort dennoch weitaus günstiger.

Das Gefühl stellt die Verbindung zwischen Geist und Körper her. Das Gefühl ist zugleich Dolmetscher des Körpers für den Geist und das Sprachrohr des Geistes für den Körper.

Was ist denn nun Gefühl?

Was ist denn nun aber Gefühl? Zunächst einmal: Gefühl ist das *Erleben* von Erregung und Spannung, von Beruhigung und Entspannung. Erlebnisse wie Freude, Liebe, Trauer, Ärger, Aggression, Sympathie oder Antipathie sind Gefühle pur. Das Gefühl stellt außerdem die *Verbindung zwischen Geist und Körper* her. Das heißt: Über das Gefühl teilt sich der Geist dem Körper mit – und umgekehrt. Das Gefühl ist sozusagen das *Sprachrohr des Geistes,* um den Körper zu ‚informieren' und der Dolmetscher des Körpers für den Geist. Man könnte auch sagen: Ohne Gefühl lebten Geist und Körper unwissend nebeneinander. Sich mit Fühlen und dem Gefühl zu beschäftigen, bedeutet also, mit *Bewusstsein* zu tun zu haben.

Gefühl und Emotion sind zweierlei

Gefühl wird gerne mit Emotion verwechselt. Zu Unrecht. Wenn unter Gefühl ein *Zustand des Bewusstseins* aufgrund von innerem oder äußerem Erleben und dessen Bewertung zu verstehen ist, dann sind Emotionen die *Reaktionen* des Gefühls darauf, *Gefühlsregungen* also. Emotionen sind insofern – als Reaktion auf ein Erleben – *sichtbar* werdende Gefühle. Emotionen treten entweder als spontane Reaktion auf, wie etwa nach dem Tritt auf den Fuß: „Pass' doch endlich auf, Du blödes Vieh!", oder sie sind Ergebnis der Bewertung und zeigen sich als übervorsichtiges Verhalten, weil „mein Pferd ja so schreckhaft" ist.

Wem es an Bewusstsein für seine Gefühle mangelt, der tut sich naturgemäß auch schwer, seine Emotionen zu beherrschen. Das ist für den Umgang mit Pferden schlimm. Denn Emotionen sind wie Sprit: Richtig eingesetzt, bringen sie uns vorwärts, wenn man sie jedoch nicht kontrolliert, sind sie leicht entzündbar. Von den Emotionen ist es nicht mehr weit zu den *Affekten*, heftigen Gemütsbewegungen, die durch impulsive *Gefühlsaufwallung* gekennzeichnet sind. Affekte beeinträchtigen die Freiheit des Willens und die Fähigkeit zum klaren Denken erheblich. Wer seinen Emotionen ausgeliefert ist, sitzt mit seinem Pferd auf dem Pulverfass, vom Aufbau einer guten Beziehung ganz zu schweigen.

Innen und außen

Es ist Bill Dorrance, dem älteren Bruder von Tom Dorrance, zu danken, dass die Dimension des *Gefühls* und seiner körperlichen Auswirkungen erstmals grundsätzlich in das Pferdetraining eingebracht worden ist. Die Begriffe fühlen und Gefühl sind– wie gesagt – nicht neu in Literatur und Praxis der Pferde- und Menschenausbildung. Nur, sie bleiben weitgehend an der Oberfläche.

Nach meinem Kenntnisstand ist nirgendwo *wirklich erklärt*, was Gefühl zwischen Mensch und Pferd bedeutet, und vor allem: Wie dieses Gefühl zu *entwickeln* ist.

Die meisten Autoren hatten lange Zeit nur den *Reiter* im Blick. So schrieb Wilhelm Müseler, Verfasser einer der berühmtesten deutschen Reitlehren: „Die Ausbildung des Reiters erstreckt sich auf drei Gebiete: auf das Erlernen von Sitz, Gefühl und Einwirkugen.“ Für Müseler stand deshalb fest: „Von Anfang an muß der Reiter *fühlen* lernen. Er muß sich *Gefühl erwerben* dafür, ob er

Das Gefühl des Reiters ist es, das für die vertrauensvolle Verständigung zwischen Reiter und Pferd sorgt. Aber: Weiß das auch jeder Reiter?

bequem und losgelassen zu Pferde sitzt und sich wirklich nur durch die *Balance* im Sattel hält. Wer nicht für alles dies Gefühl bekommen hat, kann unmöglich *gut*, d.h. losgelassen und schmiegsam zu Pferde sitzen.“

Keine Frage: Gefühl ist der beste Verbündete des Menschen zu Pferde. Der beste Weg für unerfahrene Reiter oder für problematische Reiter (laut Müseler: 99 Prozent!!), fühlen zu *lernen*, der beste Weg aber auch für unerfahrene Pferde oder problematische Pferde (ebenfalls 99 Prozent), Ihre Gefühle mit denen des Menschen in Einklang zu bringen, beginnt freilich *am Boden*.

Hier befindet sich der Mensch für sich und das Pferd auf sichererem Terrain. Denn ohne Zweifel fühlen wir uns auf unseren eigenen Beinen (zunächst) sicherer als auf dem Rücken eines Pferdes. Und umgekehrt befinden wir uns am Boden (aus Pferdeperspektive) glücklicherweise auch nicht da, wo in der Natur sein ärgster Feind Platz nimmt, wenn er zum tödlichen Biss ansetzen möchte. Das heißt: So lange beide Lebewesen – Mensch und Pferd – noch keine vollständige Übereinkunft getroffen haben, wie sie zueinander stehen, ist dies fürs erste die beste Verhandlungsposition.

Direktes und indirektes Gefühl

Angesichts seines natürlichen Selbstschutz-Instinkts, sagt Bill Dorrance, kann ein Pferd auf zwei Arten von Gefühl *reagieren* und zwei Arten von Gefühl *vermitteln*: ein direktes Gefühl und ein indirektes Gefühl.

- *Direktes* Gefühl bedeutet, direkten physischen Kontakt aufzunehmen: Entweder durch den eigenen Körper mit Händen, Armen und Beinen oder durch Hilfsmittel wie Sporen, Gerte, Zügel Gebisse und Seile. Um direktes Gefühl geht es beim Reiten und bei der Bodenarbeit mit Halfter und Seil. Das Pferd kann ebenfalls direkten physischen Kontakt mittels seines Körpers aufnehmen – mit Nase, Zähnen oder Hufen beispielsweise.
- *Indirektes Gefühl* hingegen bedeutet, keinen direkten körperlichen Kontakt zu haben; also über Blicke oder Bewegungen zu kommunizieren – auf der Wiese, auf dem Paddock oder im Round Pen zum Beispiel.

Pferde bewegen einander folglich sowohl durch direktes wie durch indirektes *Gefühl,* hauptsächlich aber über das indirekte Gefühl. Durch *Gefühl* ist ein Pferd in der Lage, den Willen eines anderen Pferdes so zu beeinflussen, dass es nicht nur die *Bewegung* als solche bestimmt, sondern darüber hinaus auch *Richtung* und *Geschwindigkeit*. Allein durch Gefühl dirigiert die Leitstute Denken

Bild links: Der Mensch vermittelt dem Pferd ein direktes Gefühl mit Hilfe von Seil und Halfter.
Bild rechts: Hier bewegt der Mensch das Pferd mittels indirektem Gefühl.

und Handeln ihrer Herdenmitglieder, und dies mit einem einzigen Ziel: ihr gemeinsames Überleben zu sichern.

Was Kommunikation durch indirektes Gefühl bedeutet, können wir, im Ansatz, jederzeit auf der Koppel oder im Paddock beobachten, wenn Pferde sich gegenseitig über kleinste Körpersignale bewegen – eine kurze Kopfbewegung, ein scharfer Blick, die angelegten Ohren.

Auch Pferde und Menschen kommunizieren hauptsächlich über das indirekte Gefühl miteinander. Im Unterschied zu uns Menschen scheint Pferden dies allerdings klarer zu sein, deswegen sind sie uns in dieser Hinsicht auch ein gutes Stück voraus.

Das Joining-Verfahren, wie es in diesem Buch beschrieben ist, lehrt, wie Sie Gefühl *entwickeln*, wie Sie Gefühl *wahrnehmen*, *austauschen* und *verbreiten*, und wie Sie das Gefühl eines anderen *beeinflussen* können – und zwar auf *indirektem* Weg. Wenn Sie Hilfsmittel unmittelbar benutzen, um Ihr Pferd zu bewegen – Halfter, Seile, Gebisse oder Zügel, aber auch Ihre Hände oder Ihre Schenkel – dann kommunizieren Sie mittels direktem Gefühl mit dem Pferd. Dieses Verfahren wird im nächsten Buch erläutert.

Das indirekte Gefühl ist mit die wichtigste Art und Weise, wie Pferde sich verständlich machen. Und wir Menschen tun gut daran, es zu verstehen und uns darauf einzustellen, denn Pferde können bekanntlich auch anders kommunizieren: mit Hilfe des direkten Gefühls nämlich – mit ‚Zähnen und Klauen' und bisweilen auch mit ihrer gesamten Körperkraft. Und das geht für Menschen nicht immer gut aus.

Deswegen ist die Bodenarbeit *im Round Pen* zunächst so wichtig: über Körper und (indirektes) Gefühl kommunizieren zu lernen, ehe es im wahrsten Sinn des Wortes möglicherweise ‚eng' wird. Dazu kommt: Alle Missverständnisse und Probleme im *direkten* Kontakt zu einem Lebewesen haben zunächst im *indirekten* Kontakt

Indirektes Gefühl: Wem gelten die Signale? Vermutlich kommunizieren die beiden Pferde mit einem Dritten – Mensch oder Pferd. Das Pferd links zeigt mit seinen angelegten Ohren und den geblähten Nüstern eher Unmut, während das Pferd rechts unverhohlen Neugier bekundet.

ihren Anfang genommen. Menschen (miss-)verstehen einander ja nicht erst in dem Augenblick, da sie sich anfassen, sondern schon viel früher – *bevor* der erste direkte Kontakt erfolgte. Zwischen Mensch und Pferd ist es nicht anders.

Einfluss auf den Willen

In der Arbeit und im alltäglichen Umgang mit Pferden werden direktes und indirektes Gefühl dauernd miteinander kombiniert. Richtig angewendet, kann sowohl ein direktes wie ein indirektes Gefühl Geist undKörper des Pferdes so lenken, dass es auch tut, was der *Mensch* will. Durch Gefühl ist der Mensch in der Lage, den *Willen* des Pferdes so zu beeinflussen, dass es bei ihm bleiben will, welche Richtung und Geschwindigkeit es geht, und wie es sich dabei fühlt. Allein durch Gefühl kann der Mensch Denken und Handeln des Pferdes hinsichtlich vieler wichtiger Faktoren, die nicht zuletzt für beider Sicherheit ausschlaggebend sein können, bestimmen.

Nachgeben ist Folgsamkeit

Die Regel in allen Rangordnungsauseinandersetzungen unter Pferden lautet: Wer dem entsprechenden Gefühl *weicht* (oder umgekehrt dem Gefühl *folgt*), der hat *nachgegeben*. Das kann ein direktes oder ein indirektes Gefühl sein, und es kann sich als physischer oder als psychischer Druck zeigen. Welche Form des Gefühls und welche Stärke gewählt wird, ob physisch oder psychisch, hängt von der gewünschten *Wirkung* und vom Verhalten des Gegenübers ab.

Das Stufen-Modell

Jeder kennt die Szene: Zwei Pferde stehen an der *Futterraufe*. Was macht ein Pferd, das meint, das Abendessen ab sofort für sich allein beanspruchen zu dürfen? Zuerst wird es mit angelegten Ohren einmal kurz die Nase zum Kollegen hinüberschwenken (Stufe 1). Wenn das nicht ausreicht, den Konkurrenten von der Raufe zu vertreiben, wird das vermeintlich ranghöhere Pferd sein Verhalten wiederholen, diesmal aber mit einem Seitwärtsschritt auf den Kollegen zu (Stufe 2).

Wenn auch das nicht die gewünschte Wirkung zeigt, wird es zusätzlich auch noch die Nüstern blähen und mit gestrecktem Hals einen Biss androhen oder gar ausführen (Stufe 3).

Verfehlt auch dieses Verhalten seine Wirkung, und der Angreifer selbst hat noch nicht den Mut verloren, wird es zu Stufe 4 vordringen und das Abendessen mit der Hinterhand verteidigen.

Pat Parelli hat die Beschreibung dieser „vier Stufen der Bestimmtheit" („*four phases*"), Stufen der *zunehmenden Einwirkung* also, aus dem Erziehungskonzept der „Natürlichen Folgen" des amerikanischen Pädagogen Rudolf Dreikurs entlehnt. *Natürliche Folgen* sind nach Dreikurs logische Konsequenzen aus unerwünschtem Verhalten, und sie werden „freundlich, fest und auf der Basis gegenseitiger Achtung" (Dreikurs) praktiziert und nicht aus Rache oder als Strafe.

Pferde scheinen interessanterweise ebenso zu agieren, wie es Dreikurs für eine ideale Erziehung von Menschen formuliert hat: Pferde lassen ihre Artgenossen die *Folgen* ihres Tuns *spüren*; sie sind dabei jedoch *nicht* destruktiv: Wenn das andere Pferd ausgewichen ist, wird es in Ruhe gelassen und nicht (wie wir Menschen es täten)sinnlos mit weiteren Attacken oder Vorwürfen traktiert. Doch sie sind *konsequent*: Denn, jemanden die *Folgen* seines Tuns *spüren* zu lassen, ist nichts anderes als angewandte Konsequenz. Und das bedeutet übersetzt ja wörtlich, in seiner ursprünglichen Bedeutung: ‚Folgerichtigkeit'.

Rangordnungsauseinandersetzung: Das weiße Pferd bedeutet dem Fuchs links: „Komm' nur nicht näher!" Die drei anderen Artgenossen bleiben völlig ungerührt. Grund: Sie sind nicht gemeint.

Die Bewegungen des Pferdes, das seinen Vorrang an der Futterraufe beweisen will, kombiniert *konsequent* direktes und indirektes Gefühl, mentalen (geistigen) und körperlichen Druck: von „ganz leicht" bis „massiv". In Stufe 1 überwiegt die mentale Auforderung, ab Stufe 3 die körperliche Aufforderung. Doch immer sind beide Elemente vorhanden. In Stufe 1 „sagt" das eine Pferd dem anderen etwas, indem es seinen Körper nur wenig bewegt. In Stufe 3 liegt die ‚Betonung' zwar eindeutig auf der Körperbewegung, aber selbst, wenn das Pferd zubeißen oder gar ausschlagen sollte (Stufe 4), schwingt die psychische Einwirkung auf den ‚Gegner' mit. Sie ist dann ebenso massiv wie die körperliche.

Erziehung zur Feinfühligkeit

Die menschliche Kunst im Umgang mit dem Pferd besteht darin, wie die Pferde selbst, bei all unseren Wünschen oder Forderungen *immer* zunächst auf Stufe 1 zu beginnen. Und erst wenn dies keinen Erfolg zeitigt, Stufe um Stufe das Gefühl oder den Druck zu verstärken, seine Energie also zu erhöhen, bis das gewünschte *Ergebnis* erzielt ist. Die Erfahrung zeigt, dass man nach kurzer Zeit die Einwirkung *verringern* kann, um dennoch *dasselbe Ergebnis* zu erzielen. Wer ehrlich ist, der wird allerdings zugeben, dass er in der Regel auf einer viel zu hohen Stufe beginnt und verharrt. In meinen Seminaren (und auch anderswo) kann ich immer wieder beobachten, dass die Teilnehmer entweder planlos und ängstlich auf Stufe ‚minus 3' beginnen oder aber gleich massiv ‚beißen', ohne das Pferd vorher gefragt oder gewarnt zu haben.

Die Folge: Das Pferd, von Natur aus für das Miteinander in der Herde auf das Stufenmodell ausgelegt, wird konfus und glaubt wahrscheinlich, es mit einem Wahnsinnigen zu tun zu haben. Natürlich verhält sich niemand *mit Absicht* so. Es zeigt nur, dass wir uns über unsere Kräfte und ihre Wirkung, vor allem aber über unsere Gefühle, kaum im Klaren sind. Im Ergebnis lacht sich unser Pferd entweder über uns tot, oder es fürchtet uns aufgrund unserer emotionalen Anfälle. Nachgiebigkeit und Folgsamkeit bergen aber noch zwei andere interessante Aspekte, die für unsere Art der Pferde- und Menschenausbildung von Bedeutung sind: Das Prinzip der *Grenzsetzung* und das Prinzip von ‚Raum geben' und ‚Raum nehmen'. Raum wird dem Fluchttier Pferd im Umgang mit Menschen ständig genommen. Die Raumnahme stellt das am weitesten verbreitete *Erziehungsprinzip* dar: Die leichteste Begrenzung für ein Pferd ist die *Weide*. Der Lebensraum des Pferdes wird weiter verengt, wenn es in die *Box* kommt und dann in den *Hänger*. Die nächste und engste Raumnahme ist das *Halftern* des Pferdes – es rangiert noch vor dem ersten *Satteln*. Sattel, *Schenkel* und *Sporen* markieren die intensivsten Raumbegrenzer. Die Zäumung mit dem *Gebiss im Maul* geht freilich noch darüber hinaus und repräsentiert die engste überhaupt vorstellbare Begrenzung: Es stellt quasi schon einen *Raubtierakt* dar, denn der Mensch dringt mit dem Gebiss schließlich sogar in das Pferd *ein*!

In meinen Seminaren lernen die Teilnehmer, zunächst ohne Pferd, ihre Energie zu steuern.

Die Raumnahme als Erziehungsprinzip für das auf Weite ausgerichtete Fluchttier Pferd scheint weitgehend unverzichtbar. Die Frage ist nur, ob es in dem *Maß* praktiziert werden muss, wie dies allerorten geschieht. Jeder Mensch weiß aus eigenem Erleben, dass Raum*nahme* in der Regel *Widerstand* hervorruft und *Fluchtabsichten* provoziert. Die Reitlehre reagiert darauf beispielsweise mit dem Prinzip der *nachgebenden* Hand. Allerdings ist das Repertoire des Raum*gebens* zur Erziehung von Pferden damit annähernd schon ausgeschöpft.

Das Joining-Verfahren (und alle weiteren Bausteine meiner FOL-KOMM-EN-Methode) greift diesen Mangel auf und arbeitet – wo immer möglich – mit dem Prinzip des Raum*gebens* zur Erziehung der Pferde. So *begrenzt* der Round Pen zwar das Pferd wie ein großer Paddock, *innerhalb* dieser Grenze jedoch bekommt das Pferd weitgehend die *Freiheit der Entscheidung*.

Konsequenz und Vertrauen

Konsequenz ist also einer der wichtigsten Begriffe im Umgang mit Pferden und in ihrer Erziehung. Konsequenz bedeutet auch Berechenbarkeit. Konsequente Erziehung ist also *folgerichtig, berechenbar* und für den zu Erziehenden insofern *vorhersehbar*, ja im Grunde sogar zu steuern. Am Beispiel des Stufenmodells erklärt: Wann immer ich konsequent das Stufenmodell der Einwirkung anwende, erhöhe ich meine Energie Schritt für Schritt. Sobald die gewünschte Reaktion erfolgt ist, verschwindet die Energie. Das Pferd ‚weiß' also sehr schnell, dass es mit *seinem* Verhalten *meine* (Re-) Aktionen steuern kann. Wenn es auf einen Impuls in Stufe 1 nicht mit Nachgeben antwortet, folgt Stufe 2 und mehr – bis zur gewünschten Antwort, dem Nachgeben des Pferdes.

Wenn Erziehung mit Konsequenz vorhersehbar ist, dann ist sie auch *vertrauensbildend*. Denn was ich vorhersehen kann, darauf kann ich mich verlassen, das gibt mir Sicherheit: Ich weiß, was folgt, wenn ich mich auf die eine oder auf die andere Art verhalte. *Vertrauen* ist ein weiterer wichtiger Begriff im Umgang mit Pferden (und Menschen). Alles, was wir *miteinander* tun, muss von gegenseitigem Vertrauen getragen sein, sonst kann keine Entwicklung stattfinden. Wo Misstrauen vorherrscht, da kommt es sehr bald zu Kampf, Krampf oder Trennung. Das ist im Umgang mit Pferden nicht anders als im Umgang mit Menschen.

Friede, Gelassenheit und Gemeinsamkeit – Ergebnis gegenseitigen Vertrauens. Auf dieser Basis kann Entwicklung erfolgen.

Was bedeutet denn Vertrauen?

Zu Frieden, Gelassenheit und Gemeinsamkeit gehört also Vertrauen. Jemandem zu vertrauen, bedeutet aber nichts anderes als jemandem zu *glauben*. Und glauben heißt in seiner ursprünglichen Wortbedeutung, man höre und staune: ‚liebhaben' oder ‚etwas gutheißen'. Glauben und Vertrauen repräsentieren also nicht, wie gemeinhin behauptet, den Bereich von Blindheit und Nicht-Wissen (‚blindes' Vertrauen, ‚Glauben heißt Nicht-Wissen'), also fast Blödheit, sondern Glauben und Vertrauen beinhalten eine *klare Entscheidung für jemanden, den man mag.*

So schließt sich der Kreis: Das Vertrauen von jemandem zu gewinnen, bedeutet, von ihm *gemocht* zu werden, weil er sich für uns *entschieden* hat. Und diese Entscheidung hat er getroffen, weil er gemerkt hat, dass er sich auf uns *verlassen* kann. Der Weg des Vertrauens ist also gar nicht so undurchschaubar wie gemeinhin vermutet.

Drei Arten des Vertrauens

Doch wie kommt man zu Vertrauen? Vertrauen birgt mindestens drei Aspekte: Das Pferd soll dem Menschen vertrauen, weil der Mensch

1. das Pferd regelmäßig füttert und tränkt;
2. ihm keinen Schmerz zufügt, und
3. als Herdenboss weiß, was er will, und dafür sorgt, dass es auch geschieht.

Der erste Aspekt, Füttern und Tränken, wird als vertrauensbildende Maßnahme wahrscheinlich am wenigsten bestritten. Beim Schmerz, Aspekt zwei, ist es schon nicht mehr so eindeutig. Eine Leitstute, die nicht verhindern kann, dass Mitglieder ihrer Herde unnötigerweise Verletzungen erleiden, wird ihren ‚Posten' nicht mehr lange innehaben. Sie wird das Vertrauen der Herde verlieren.

Machen Reiter sich dies bewusst, wenn sie ihre Pferde mit Gerte, Sporen und scharfen Gebissen traktieren, dass sie damit das Vertrauen ihres Pferdes aufs Spiel setzen? Wahrscheinlich nicht. Pferden Schmerzen zuzufügen, wird allzu schnell mit dem dritten Aspekt von Vertrauensbildung verwechselt. Da heißt es dann gerne: „Du musst Dich mal richtig durchsetzen!" Oder: „Lass' Dir doch nicht alles vom Pferd gefallen."

Wo dieser Satz fällt, ist das Gefühl längst auf der Strecke geblieben (oder wahrscheinlich noch nie aufgetaucht). Denn wo man sich *durchsetzen* muss, da ist *Widerstand* schon zur Gewohnheit geworden.

Worum es bei Aspekt drei geht, ist wiederum *Konsequenz*. Und genau daran fehlt es den meisten Menschen im Umgang mit Pferden. Das Ergebnis ist Irritation und Orientierungslosigkeit. Wer je Kinder erzogen hat, weiß, wie wichtig es für deren Wohlbefinden und für die Vertrauensbildung ist, *Grenzen* gesetzt zu bekommen und zu erleben, dass die Überschreitung der Grenzen sanktioniert wird. Konsequenz ist nichts anderes als *stufenweise* Grenzsetzung mit Gefühl und Verstand.

Vertrauen, so verstanden, bedeutet z.B. beim Verladen, dass das Pferd mit Sicherheit gelassen den Hänger betritt und drinbleibt. Und nicht das Spiel spielt: „Ich bleibe hier bei meinen Artgenossen, Mensch, fahr' Du mal lieber allein zum Turnier!" Oder: „Einmal Hängerfahren im Leben, das reicht."

Voraussetzung für vertrauensvolles Verladen ist allerdings, dass das Pferd zuvor die Gelegenheit hatte, alle notwendigen Schritte bis zum Verladen in Ruhe lernen zu können, und dabei die Erfahrung gemacht zu haben, dass es nicht verletzt wird.

Dem Pferd Vertrauen zu schenken, setzt Selbstvertrauen voraus. Wer sich selbst nicht traut, darf nicht erwarten, dass sein Pferd ihm traut.

Die „Friede-Freude-Eierkuchen"-Variante ist eine Abart von Aspekt eins: Vertrauen als ständiger menschlicher Beweis von ‚Besorgt Sein' und ‚Lieb Sein'. Derlei Verhalten führt unweigerlich dazu, dass das Pferd irgendwann einmal notgedrungen die *Führung* übernimmt, weil es die Erfahrung gemacht hat, dass es sich auf seinen Menschen in Sachen *Fütterung* zwar hundertprozentig verlassen kann, aber nicht in Sachen *Führung*. Die Folgen sind bisweilen fatal: Etwa im Straßenverkehr, wenn das Pferd selbstständig entscheidet, wann und wo es die Kreuzung überquert; oder im Wald, wenn es so am Baum vorbeiläuft, dass das Knie seines Reiters nicht mehr dazwischenpasst.

Das freie und ungezügelte Pferd. Wer wirklich wissen will, in welchem Maß sein Pferd ihm vertraut, macht diesen Test.

Führung bewirkt Vertrauen und Folgsamkeit

Vertrauen in diesem Sinne bedeutet also auch, sich der *Führung* des Menschen anzuschließen, in der sicheren Gewissheit, dass der Mensch weiß, wo es langgeht – genau so wie die Leitstute. Als folgsames Herdenwesen ist das Pferd im Prinzip jederzeit bereit dazu, wenn der Mensch die *Fähigkeit* und *Bereitschaft* zur Führung mitbringt. Ist das nicht der Fall, dann bleibt dem Pferd nichts anderes übrig, als *selbst* die Führung zu übernehmen. Und das bedeutet:

- bei Gefahr zu *fliehen*,
- und *gegen* Druck anzugehen,
- jederzeit seine Bewegungs-*Richtung*
- und seine *Gangart* selbst zu bestimmen, und
- sich ausschließlich auf *seine* Bedürfnisse zu konzentrieren.

Was vorschnell als *Unart* oder *Widersetzlichkeit* hingestellt wird, kündet meist von einem handfesten Führungsproblem aus der Vergangenheit. Wenn dem Pferd irgendwann einmal eine verlässliche Führung gefehlt hat, dann hat es seine Überlebensinstinkte aktiviert. Das heißt: Es hat sich gegen einen inkonsequenten, führungsschwachen Menschen gewehrt. Und es hatte mit seiner Abwehr Erfolg. Tom Dorrance, Bills genialer jüngerer Bruder, spricht in diesem Zusammenhang von *self preservation*, dem Selbstschutz-Instinkt des Pferdes. Was den meisten Menschen als Unart oder Widersetzlichkeit des Pferdes erscheint, ist also nichts anderes als Selbstschutz angesichts der Erfahrung, dass auf Menschen kein Verlass ist.

Übernimmt der Mensch dagegen die Führung, erfüllt er also das Leitstuten-Prinzip, dann wird das Pferd

- bei Gefahr nicht fliehen, sondern auf seinen Menschen ‚hören', also *gehorchen*,
- dessen Gefühl folgen statt dagegen zu gehen und
- dessen Bewegungsrichtung und die gewünschte Gangart aufnehmen.

Wenn das Pferd seine vier Verantwortungen erfüllt, kommen Mensch und Pferd genau da an, wo sie ankommen wollten.

Die vier Verantwortungen des Pferdes

Pat Parelli hat folgerichtig daraus die vier Verantwortungen *des Pferdes* – entsprechend seinem natürlichen Verhalten in der Herde – abgeleitet und auf den Umgang mit Menschen übertragen:

1. Verhalte Dich nicht wie ein Fluchttier
2. Wechsle nicht die Gangart
3. Wechsle nicht die Richtung
4. Schau, wohin Du Deine Hufe setzt

(Eigen-)Verantwortung deshalb, weil das Herdentier, auch wenn es der Leitstute folgt, diese Mechanismen selbst zu erfüllen hat:

- *nicht* selbstständig die Flucht zu ergreifen, also ohne Aufforderung wegzurennen;
- *nicht* (beispielsweise) in Trab zu verfallen, wenn Galopp angesagt ist oder vielleicht sogar aus eigenen Stücken einfach stehen zu bleiben;
- *nicht* etwa nach Norden zu laufen, wenn die Bewegungsrichtung West lautet; nicht nach rechts abzubiegen wenn links angesagt ist;
- und bei jeder Bewegung so konzentriert und aufmerksam zu sein, dass es *nicht* stolpert, denn ein Sturz würde es bei Gefahr von der Herde trennen und somit dem sicheren Tod ausliefern.

Ein Pferd, das durch konsequente Erziehung an das menschliche Leitstutenprinzip gewöhnt wurde, wird seine vier Verantwortungen – ebenso wie ein Herdentier – übernehmen. Es gibt nichts, was für einen Reiter oder Kutscher als Basisverhalten seines Pferdes wichtiger wäre. Und das gilt selbst für den Fall, dass man ein Pferd nur vom Stall auf die Weide führen möchte. Wenn das Pferd seine vier Verantwortungen erfüllt, kommen Mensch und Pferd genau da an, wo sie ankommen wollten – in der geplanten Geschwindigkeit, in aller Sicherheit, mit dem geringst möglichen Energieaufwand und ohne unliebsame Überraschungen.

Einem Wanderreiter würde dies wahrscheinlich schon genügen. Und manch geplagter Pferdebesitzer (und es gibt eine Menge davon), für den der tägliche Weg vom Stall zur Weide schon ein Höllentrip ist, würde die Pferdewelt völlig neu geordnet sehen.

Auf der Basis der vier Verantwortungen lassen sich aber genauso gut auch sportliche Leistungen aufbauen – ob fürs Springen oder für die Dressur. *Ohne* die Übernahme der vier Verantwortungen drohen hingegen *Kampf* und *Krampf*, wie allenthalben zu beobachten ist. Unnötiger Energieverlust, Schmerz, Gewalt, Unsicherheit und letztlich Vertrauensverlust sind dann das Resultat.

Die vier Verantwortungen des Menschen

Auch der Mensch hat – wenn er im Leben (s)eines Pferdes die Rolle der Leitstute spielen will – vier Basis-Verantwortungen zu übernehmen. Wenn man das Parelli-Konzept ein wenig abwandelt, lauten sie:

1. Verhalte Dich nicht wie ein Raubtier
2. Habe (zu Pferde) einen unabhängigen Sitz und am Boden immer den richtigen Standort
3. Nutze die Kraft Deines Verstandes und lerne zu denken wie ein Pferd
4. Konzentriere Dich

Was bedeutet es, sich *wie ein Raubtier* zu verhalten? Klar: Dem Pferd Schmerz zu bereiten, bis es blutet – mit Sporen, Peitsche oder Gebissen. Das kommt gar nicht so selten vor. Übergroße Vorsicht im Umgang mit Pferden kündet aber *ebenso* von Raubtierverhalten. Auch ein Puma wird sich gaaanz vorsichtig anschleichen, weil er sonst weiter hungern müsste. Wer mit Pferden „gaaanz vorsichtig" umgeht, erscheint auf den ersten Blick vernünftig, auf den zweiten Blick entpuppt er sich jedoch als misstrauisch und somit als ungeeignet im Umgang mit Pferden. Stellen Sie sich doch einmal Lehrer vor, die voller Misstrauen ihren Schülern gegenüber sind. Solche Lehrer werden ihr Lehrziel mit Sicherheit verpassen.

Manch ein Leser wird jetzt innerlich aufschreien und sagen: „Aber das ist doch normal." Stimmt. Dieses Verhalten Pferden gegenüber ist ganz *normal*. Aber es ist nicht *natürlich*. Es unterstellt, dass Pferde zur Panik neigen und jederzeit davonlaufen, wenn sie sich erschrecken. Tun sie auch, aber nur, wenn ihnen die Führung fehlt. Aus dem gleichen Grund führt man hierzulande Pferde vom Boden aus ganz eng. So wird beispielsweise empfohlen, den Führstrick am Halfter knapp unter dem Kinn des Pferdes zu greifen. Das Ganze soll der Kontrolle dienen. Raubtierdenken! Denn auch Raubtiere meinen, dass sie Räume eng machen müssten, um die Flucht ihrer Opfer zu verhindern. Falsch. Alles, was wir dadurch erreichen, ist, dass wir das Pferd im Ernstfall loslassen müssen, wenn wir nicht unter seine Hufe kommen oder einen Kopfstoß riskieren wollen.

Wer das Leitstutenprinzip anzuwenden weiß, verhält sich nicht mehr normal, sondern natürlich. Er übernimmt die Führung und erklärt dem Pferd somit, wann es davonlaufen darf, wie lange, wie und wohin. Mit anderen Worten: Wir Menschen neigen dazu, uns Pferden gegenüber wie Raubtiere zu benehmen, wenn wir uns weder *geistig*, noch *emotional* noch *körperlich* unter Kontrolle haben.

Camilla praktiziert das Leitstuten-Prinzip: Sie übernimmt die Führung – voller Gewissheit und Selbstbewusstsein.

Mangelnde emotionale Kontrolle liegt vor, wenn wir uns ärgern, frustriert oder aufgeregt sind oder auch: vor ‚Mitleid' dahinschmelzen.

Mangelnde emotionale Kontrolle entspringt direkt mangelnder geistiger Kontrolle. Denn ärgerlich, frustriert, aufgeregt oder voller Mitleid sind wir nur, wenn uns das entsprechende *Wissen* über Ursachen und Lösungsmöglichkeiten fehlt. Oder können Sie sich beispielsweise vorstellen, ein Pferd zu strafen, wenn Sie wissen, dass *Sie* die Ursache für sein ‚sträfliches' Verhalten waren und einen gangbaren Weg kennen, dieses Verhalten in Zukunft ganz leicht abzustellen?

Geistige Kontrolle, oder – wie Parelli es nennt –„mentale Fitness" erlangen wir also, wenn wir die Natur des Pferdes kennen lernen und alles, was dazu gehört, um mit Pferden natürlich umzugehen. Die emotionale Fitness ergibt sich wie von selbst, wenn wir unser *Wissen* in die *Tat* umsetzen, geduldig üben und nach und nach herausfinden, wie die Dinge am besten funktionieren.

Parallel dazu entwickelt sich (mit dem Tun) der dritte wichtige Fitness-Faktor: die *körperliche* Kontrolle, wenn wir gelernt haben, ein Pferd zu *reiten*, ohne es ständig zu stören und ein Pferd zu *führen*, wohin wir möchten.

Die *zweite Verantwortung* des Menschen im Umgang mit Pferden lautete: Habe (zu Pferde) einen unabhängigen Sitz und am Boden immer den richtigen Standort. In der Tat: Es ist schwierig, einen unabhängigen Sitz zu haben, wenn man sich wie ein Raubtier benimmt. Das gleiche gilt für den Umgang am Boden, denn Raubtierverhalten produziert unweigerlich Fluchttierverhalten.

Ein unabhängiger Sitz bedeutet: nicht mit den Beinen zu klammern und sich nicht an den Zügeln festzuhalten (krallen!). Beides ist aus Unsicherheit und Misstrauen geboren. An den Zügeln halten sich mehr Leute fest als man glaubt und keineswegs nur Anfänger. Selbst manch erfahrener Dressurreiter hat – aus der Notwendigkeit heraus, sein Pferd an die Zügelhand heranzureiten – mehr Bedürfnis nach Anlehnung entwickelt als sein Pferd.

Der richtige Standort am Boden sorgt dafür, dass – beim Führen etwa – ein ausreichender Abstand zwischen Mensch und Pferd eingehalten wird und dass sich der Mensch in der richtigen Führposition befindet. Beim Longieren etwa achtet er darauf, wo sich seine Schultern befinden, ob die eine Schulter nicht bremst, während die andere Schulter treibt.

Die dritte Verantwortung: „Nutze die Kraft Deines *Verstandes* und lerne zu *denken wie ein Pferd*" umfasst die gesamte Thematik dieses Buches, die genau diesem Ziel gewidmet ist. Unter Verstand

Sobald ein Pferd den Menschen nicht versteht, arbeitet der Mensch gegen das Pferd. Der Mensch ist es immer, der für Verständnis sorgen muss.

verstehen wir die Fähigkeit des Menschen, durch *Denken* Bedeutungen und Sinnzusammenhänge zu begreifen. Wenn der Mensch sich je über Tiere erhoben hat, dann wäre der Verstand immerhin *die* Instanz, die zu beweisen hätte, dass wir Menschen tatsächlich das Recht dazu haben, uns über Tiere zu erheben. Den Verstand im Umgang mit Pferden zu nutzen, wäre also das Mindeste, wenn wir den Anspruch erheben, sie beherrschen zu wollen. Der Verstand ist überdies unser stärkster Verbündeter auf dem Weg zur geistigen Fitness.

Der Verstandesbegriff steht damit allerdings im Kontrast zum rezeptiven Erkennen durch *sinnliche* Wahrnehmung – zu der Weise also, wie *Pferde* zu *Erkenntnis* gelangen, wie *sie* denken. Wenn wir also lernen, zu denken wie Pferde, so bedeutet dies vor allem: unsere *Sinne* zu schärfen und unsere *Wahrnehmung* zu verbessern. Beides gemeinsam ist das, was gemeinhin *Vernunft* genannt wird, die Fähigkeit des Menschen, universelle Zusammenhänge zu erkennen. Und um nichts anderes kann es gehen, wenn zwei so unterschiedliche Lebewesen wie Mensch und Pferd als *Partner* zusammenfinden sollen.

Die vierte Verantwortung lautet: „Konzentriere Dich." Konzentration, also die Aufmerksamkeit auf etwas zu lenken, ist die wichtigste Voraussetzung, um etwas zu erreichen. Konzentration fördert außerdem Ausdauer und Geduld. Tiere sind uns da weit voraus. Denken Sie doch einfach einmal an einen Hund, der um ein Stück Wurst bettelt. Wie oft schon haben Sie Menschen dann sagen hören: „Ich konnte ihm einfach nicht mehr widerstehen." Das ist ein klassisches Beispiel für die Kraft der Konzentration. Wenn wir diese Fähigkeit in uns nicht entwickeln, werden wir bei Tieren immer den Kürzeren ziehen.

Konzentration lenkt unsere Aufmerksamkeit also immer auf ein Ziel. Ein Grundsatz in der Psychologie lautet: Das, worauf wir unsere Aufmerksamkeit lenken, das wächst – ob in unserem Bewusstsein oder in der Wirklichkeit. Sei es ein verheißungsvoller Ort oder ein schreckliches Ereignis, ein Muskel oder eine Krankheit.

Dominanz und Führung

Pferde sind also von Natur aus darauf programmiert, die Rangordnungsfrage zu klären. Wer ihnen die Führung verweigert, läuft Gefahr, sie in einen psychischen Konflikt zu stürzen. Denn dann müssen sie *selbst* die *Führung* und damit auch Verantwortung für ihr *Überleben* übernehmen – ohne dafür wirklich disponiert zu sein. Allein schon zur psychischen Zufriedenheit des Pferdes ist es deshalb notwendig, ihm unsere menschliche *Dominanz* zu beweisen. „Erst dann", sagt Hempfling, „kann es sich all den anderen untergeordneten Lebensfragen widmen, psychisch zur Ruhe kommen und eine entsprechende Stabilität und Ausgeglichenheit finden".

Ungeliebtes Wort

Gerade die Forderung nach menschlicher Dominanz ruft bisweilen jedoch heftigen Widerstand hervor. Vielleicht beruht dies auf einem Missverständnis, auf dem Missverständnis, mit Dominanz sei *Willkür oder Unterdrückung* gemeint. Dann bestünden die Vorbehalte zweifellos zu Recht.

Doch Dominanz bedeutet zunächst einmal nichts anderes als *Beherrschung* und *Kontrolle*. Nicht Unterdrückung oder Willkür, Versklavung oder Gewalt. Natur zu beherrschen, sie zu kontrollieren, bedeutet grundsätzlich *nicht*, sie zu vernichten, sondern sie – im Gegenteil – zu nutzen und zu erhalten.

Beherrschung und Kontrolle, wenn sie *nicht* in Willkür und Unterdrückung ausarten will, setzt allerdings *Wissen* voraus, klare *Planung*, eindeutige *Ziele* und vor allem *Verantwortungsbewusstsein*. Wenn all das nicht vorhanden ist, dann ist in der Tat willkürlicher *Zwang* die Folge, blinde *Unterdrückung* bis hin zur *Vernichtung*.

Zur psychischen Zufriedenheit des Pferdes ist es notwendig, ihm unsere menschliche Dominanz zu beweisen. Aber was bedeutet Dominanz?

Doch genau darum geht es ja nicht. Was *wir* wollen, ist ein Pferd, das *nicht* automatisch seinen *Überlebensinstinkten* folgt, das also *nicht* selbständig entscheidet, wann Flucht angesagt ist; ein Pferd, das mit uns *nicht* wie mit einem rangniedrigeren Artgenossen spielt (dazu ist es zu schnell, seine Hufe sind zu hart und seine Zähne zu groß); ein Pferd, das *nicht* selbstständig den Weg zum besten Futterplatz sucht, während wir draufsitzen oder gerade aufsitzen wollen.

Stattdessen wünschen wir uns Pferde, deren Fluchtinstinkt an unsere Signale gekoppelt sind wie an Leitstute oder Leithengst, und die uns in jeder Situation *respektieren*. Pferde also, die an uns glauben und uns, wie der amerikanische Pferdetrainer Sam H. Powell sagt, als ihren ‚Bodyguard', ihren *Beschützer*, ansehen.

Das Ziel von Dominanz

Die *Natur* des Pferdes zu beherrschen, bedeutet für den Reiter und Fahrer in erster Linie also, die *Bewegungen* des Pferdes zu beherrschen. Das Ergebnis ist folglich, dass wir unser Pferd dann jederzeit *dahin* bewegen können, wohin wir wollen – so *weit* wie wir wollen und in der *Geschwindigkeit*, die wir wollen. Wenn wir das nicht können, bekommen wir zu Fuß, im Sattel oder auf dem Kutschbock Probleme. Die Turnierteilnahme können wir uns dann ebenso abschminken wie den Spielnachmittag oder den gemütlichen Wanderritt durch Wald und Flur.

Um die Natur des Pferdes wirklich zu beherrschen, brauchen wir *Führungskraft*, das heißt: Wir müssen fähig und bereit sein, *Wirkung* zu erzielen. Aber wie gelangt man zu Führungskraft, wenn man *nicht* der starke Typ ist, der sich überall durchsetzt? Oder umgekehrt: Wenn man genau dieser Typ ist, der zwar alles mit Kraft und Härte erreicht, aber dabei immer wieder ,verbrannte Erde' hinterlässt, seine Mitmenschen verprellt, seine Umwelt einschüchtert? Wie also kann man *natürliche* Führungskraft entwickeln, wenn man – extrem gesprochen – entweder *nichts* beherrscht, oder immer nur *über* andere herrscht?

Schlüsselbegriff Kommunikation

Der Schlüsselbegriff heißt *Kommunikation*. Leider ist Kommunikation heutzutage ein höchst inflationär gebrauchter Begriff, ohne dass dabei die wirkliche Bedeutung des Wortes verstanden würde. Jeder kommuniziert zu jeder Zeit mit jedem – und kaum jemand hört dem anderen dabei zu. Kommunikation in seiner ursprünglichen Bedeutung heißt hingegen: *,etwas gemeinschaftlich tun'*, *,zueinander in Verbindung stehen'*. Kommunikation heißt also nicht nur: reden, mailen, chatten, faxen, telefonieren; Kommunikation bedeutet vor allem: mit-*teilen*, etwas von *sich* dem anderen *geben*, und etwas vom anderen *an-nehmen*.

Wer weder Richtung noch Gangart seines Pferdes beherrscht und auch keine Kontrolle über die Dauer seiner Bewegungen hat, gerät unweigerlich in Schwierigkeiten.

Wer die Natur beherrschen will, muss nach ihren Regeln vorgehen, nicht nach den eigenen.

Nur das führt zu Verständigung und letztlich zu *Verständnis.* Doch um dorthin zu gelangen darf man nicht nur *reden,* sondern sollte vor allem *zuhören.* Jemandem zuhören, sich ihm zuwenden und (auf) ihn achten! Bill Dorrance bringt die eminente Bedeutung von Kommunikation im Umgang mit Pferden auf einen einzigen Satz: „Sobald ein Pferd den Menschen *nicht* versteht, arbeitet der Mensch *gegen* das Pferd."

Bevor jedoch das Pferd den Menschen verstehen kann, muss der Mensch allerdings das Pferd verstehen. Diese Einsicht ist noch längst nicht unter allen Pferdeleuten verbreitet. Kurioserweise sind es oft gerade diejenigen, die dazu neigen, Pferde für ‚dumm' zu halten, die erwarten, dass Pferde mindestens zwei Sprachen beherrschen: die eigene pferdische und unsere menschliche.

Wirkliche Dominanz hat also mit gegenseitigem *Verständnis* zu tun, und das bedeutet: nicht nur *Wissen* voneinander zu haben, sondern auch ein *Gefühl.* „Wer die Natur *beherrschen* will, muss ihr *gehorchen*", dieser Satz bildet die Grundlage für *unseren* Begriff von Dominanz. Und es lohnt sich, ihn näher anzuschauen. Gehorchen bedeutet, wie wir bereits wissen: *‚folgsam'* sein. In diesem Sinne meint der Satz also: Wer die Natur beherrschen will, muss nach *ihren* Regeln vorgehen, ihren Regeln *folgen,* nicht den eigenen.

Da wir Menschen uns jedoch für die ,*Krone der Schöpfung*' halten, tun wir uns schwer damit, der Natur zu gehorchen und *ihren* Regeln zu folgen. Lieber folgen wir unseren eigenen Begierden. Kein Wunder daher, dass wir in so großem Maße *Raubbau an der Natur* betreiben. Weil wir die Natur nicht verstehen (wollen), zerstören wir sie. Weil wir sie nicht verstehen, stülpen wir der Natur unser kurzfristiges Nutzendenken über, statt mit ihren Ressourcen pfleglich umzugehen. Auf mittlere und lange Frist rächt sich das: ob als regionale oder als globale Umweltkatastrophe.

Auch Pferde sind ein Stück Natur. Deshalb findet der Satz auch hier Anwendung. Der wesentliche Unterschied liegt nur darin: Die Reaktionen von Pferden, wenn wir *ihrer* Natur *nicht* gehorchen, sind für uns schneller wahrnehmbar als die Reaktionen der Biosphäre. Pferde beißen oder zwicken uns, rempeln, buckeln, steigen oder gehen durch, wenn wir nicht auf ihre Natur hören.

Es ist der ihnen von der Natur mitgegebene *Überlebensinstinkt*, der sie so handeln lässt. Und wir, die vermeintliche ,Krone der Schöpfung', kapieren es meist nicht, weil wir *taub* sind für derlei Äußerungen. Erst wenn der Schmerz (für uns) unerträglich geworden ist, beginnen wir, unsere Konzepte zu überdenken.

Im Grunde geht's uns Menschen mit *uns selbst* ja auch nicht anders: Wir kapieren ja nicht einmal unsere *eigene* Natur. Ehe wir auf uns selbst hören, wenn es irgendwo krankt, haben wir schon hundert Ärzte konsultiert. Wir lassen uns lieber von anderen stückweise reparieren und zusammenflicken, als dass wir in uns selbst ,hineinhorchen', um dort das *Heil* zu finden. Wenn wir aus der *Balance* gekommen sind, suchen wir als erstes immer außerhalb nach jemanden von Gewicht, der an irgendeiner Stelle in uns etwas ausgleicht.

Auf das Gefühl von Pferden zu hören, ist die Voraussetzung für wirkliches Beherrschen.

Auf das Gefühl horchen

Im Wort ,gehorchen' steckt somit auch ,*horchen*' – also auf etwas sehr *Leises* hören. Und was könnte leiser sein als ein *Gefühl*? Das eigene oder das Gefühl eines anderen. Das wirkliche *Geheimnis* der *Pferdeflüsterer* ist es, hinhören zu können, auf das, was die Pferde ,sagen'. Monty Roberts hat das sehr schön beschrieben, als er forderte: „Wir Menschen müssen im Umgang mit Pferden so leise werden, dass wir selbst ihr Weinen hören können."

Pferdeflüstern kann also jeder lernen – *wenn* er bereit ist, *leise zu werden und hinzuhören* – in die Stille des Gefühls. So schließt sich der erste Kreis: Auf das *Gefühl* von Pferden zu ,hören', hinzuhorchen auf das, was in einem vorgeht, bedeutet, die Voraussetzung zu schaffen für *wirkliches* Beherrschen. Und das setzt ‚verstehen' voraus.

Beherrschen in diesem Sinne funktioniert also nicht über *Gewalt*, sondern über *Verständnis*. Gewalt bedeutet sozialwissenschaftlich die Anwendung von physischem und/oder psychischem Zwang gegenüber einem anderen, um diesem *Schaden* zuzufügen oder um ihn der Herrschaft zu *unterwerfen*. Verständnis resultiert hingegen aus *Einfühlungsvermögen* und *Nachdenken*.

Einfühlungsvermögen entwickelt sich aus Wahrnehmung und Wahrnehmung aus Beobachtung mit allen Sinnen – Augen, Ohren, Haut. Zur Beobachtung bedarf es allerdings der Bereitschaft, sich auf einen anderen *einzulassen*. Und dazu braucht es wiederum *Geduld*, *Zeit* und *Liebe*.

Wer mit Pferden *ohne Gewalt* umgehen möchte, dem bleibt nichts anderes übrig, als sich auf die lange (und beglückende) Reise zu machen, deren Stationen Einfühlungsvermögen, Wahrnehmung und Beobachtung heißen. Das ist der Prozess des Hinhörens und des Gehorchens.

Selbstbewusstsein und Selbstbeherrschung

Das Kuriose ist, dass *Pferde* diese Regeln kennen und sie anwenden: Deswegen können sie *uns* auch so leicht beherrschen – weil sie *uns* sehr gut zuhören, weil sie *uns* wahrnehmen und erkennen, unser Wissen, unsere (Un-)Fähigkeiten, unsere Stärken und Schwächen, unsere Ängste. Pferde handeln so, weil sie überleben wollen. Das ist ihre Natur. Wir können unsere Gefühle nur vor uns selbst verbergen, nicht vor Tieren.

Würden wir *uns selbst so wahrnehmen*, wie Tiere uns wahrnehmen, also auf *uns selbst hören*, auf unsere Gefühle, unsere ‚innere Stimme', dann würden wir uns selbst genauso kennen wie die Pferde uns kennen (und vielleicht sogar noch viel besser): Dann wüssten wir Bescheid über unsere Fähigkeiten und Unfähigkeiten, unsere Stärken und Schwächen, unsere Ängste und unsere Träume.

Auf den Punkt gebracht: Wir hätten Verständnis für uns selbst und noch entscheidender, wir würden damit die Lösung für unsere Probleme kennen. Denn das ist *wirkliches* Selbst-*Bewusstsein* – Bewusstsein von sich selbst zu bekommen, sich selbst zu *kennen* mit allen Stärken und Schwächen. Es geht also um *Beherrschen durch Gehorchen*. Auf sich selbst angewendet führt das logischerweise zu Selbst-*Beherrschung* – Herr über sich selbst zu werden, statt sein Schicksal in die Hände anderer zu legen.

Das Ziel jeglicher Dominanz ist also Selbstbeherrschung – körperlich, geistig, emotional. Wer sich selbst beherrscht, wird weder sich selbst noch andere unterdrücken. Im Gegenteil: Er wird sich und andere fördern, aus Wissen und Verständnis heraus. Der Sinn aller Erziehung ist schließlich, die Entfaltung individueller Fähigkeiten zu fördern, und zwar unter Berücksichtigung persönlicher Eigenarten des zu Erziehenden. Und; Wer beherrschen will, muss selbst auch *folgsam* sein. Denn nur aus der Folgsamkeit ist *Führung* zu entwickeln, die *überzeugt*, statt *vergewaltigt*.

Die FOL-KOMM-EN-Methode

Wir haben bereits über *Fol*gsamkeit und *Komm*unikation gesprochen. *En*ergie stellt die dritte Komponente in meiner FOL-KOMM-EN-Methode dar. Energie ist das, was wir Menschen aufbringen müssen, um ein Pferd *in Bewegung* zu bringen – geistig, emotional und körperlich. Energie ist in jedem *Lebewesen* grundsätzlich vorhanden. Das bedeutet, um Energie in Arbeit umzuwandeln, muss Energie *aktiviert* werden. Dabei kommt es vor allem auf das richtige *Maß* an Energie an. Pferde (und Menschen) leiden meist unter dem falschen Energiemaß, das gegenseitig angewendet wird: zu hart oder zu weich, zu viel oder zu wenig, zu schnell oder zu langsam, zu laut oder zu leise.

Wer das Konzept von Gefühl und Folgsamkeit erlernt, wer seine eigene Körpersprache und die von Pferden kennenlernt, wer sich auf den Weg ehrlicher Kommunikation macht, der wird zunehmend das richtige Energie-Maß finden. Der wird sich nicht scheuen, zum richtigen Zeitpunkt hart zu werden, und ihm wird es leicht fallen, gleich darauf wieder weich zu werden. Der fühlt unter seinen Händen (und in seinem Hirn) sofort, wenn etwas zu viel oder zu wenig war, zu schnell oder zu langsam. Und er wird laut werden können, um sich Gehör zu verschaffen und im gleichen Augenblick leise werden, um zuzuhören.

Harmonie zwischen Mensch und Pferd: ohne Sattel geritten, nur mit Halsring gelenkt, befinden sich beide, Mensch und Pferd, in Harmonie. Selbstkontrolle statt Fremdkontrolle.

Die Vorteile des Joinings

Das in den folgenden Kapiteln detailliert beschriebene Joining-Verfahren beinhaltet alle Lernschritte, die Sie brauchen, um Pferde wirklich zu *führen*:

- Sie lernen *sich* und *das Pferd* kennen;
- Sie üben *Körpersprache* und Sie *kommunizieren* mittels Körpersprache;
- Sie *horchen* auf sich und Sie horchen auf das Pferd;
- Sie erleben Ihre *Energie* und die des Pferdes;
- Sie lernen, Ihre *Verantwortung* zu übernehmen und lehren das Pferd, seine Verantwortung zu übernehmen;
- Sie lernen *Feinfühligkeit* und zeigen Ihrem Pferd Ihre Feinfühligkeit;
- Sie begründen *Vertrauen* und Sie gewinnen Vertrauen;
- Sie erleben *Konsequenz* und Sie praktizieren Konsequenz;
- Sie lernen das Pferd zu *bewegen* und erleben Ihre eigene Bewegung;
- Sie übernehmen *Führung* und ernten *Folgsamkeit.*

Joining zu *beherrschen*, kann zu dreierlei Erfahrung führen:

1. Sie haben eine neue *Technik* gelernt.
2. Sie haben Ihre *Körpersprache* neu entdeckt und die *Körpersprache von Pferden* besser kennengelernt. Dadurch haben Sie *Zugang bekommen* zu Ihren *eigenen Gefühlen* und den *Gefühlen Ihres Pferdes.*
3. Sie nutzen diesen Zugang, um *mehr über sich selbst zu lernen*, zu *reifen* und sich als Persönlichkeit *weiterzuentwickeln.*

Die neue *Technik* ist die (Kunst-)Fertigkeit, das Handwerk, das einfach notwendig ist, um Ergebnisse zu erzielen. Wer das „Handwerk" des Joining ausreichend trainiert, gelangt interessanterweise ‚von selbst', quasi automatisch zur zweiten Erfahrung: der Erfahrung von *Körpersprache und Gefühl.* Sie erinnern sich: Das Gefühl ist der Dolmetscher zwischen Körper und Geist. Und: Das Gefühl schafft *Bewusstsein.*

Mit der zweiten Stufe erlangen Sie somit mehr Bewusstsein – über sich selbst und über das Pferd. Mit anderen Worten: Joining ist auch *Selbstbewusstseinstraining*! Vor allem aber ist es *Kommunikationstraining.* Joining stellt die Verbindung her zwischen Ihnen und dem Pferd. Sie lernen, einander zu *verstehen, zu führen und zu folgen.* Und Sie erfahren den *magischen Moment* des gegenseitigen Verstehens: das Gefühl der innigen Verbindung – ohne jeden Zwang, auf der Basis von *Freiwilligkeit.*

Wenn Sie den Weg weitergehen, und irgendwann sogar bei *Problemen* die Frage stellen (können), welche spezielle *fördernde Botschaft* dieses Problem *für* Sie beinhaltet, dann sind Sie auf dem Weg zu einer reifen Persönlichkeit – möglicherweise mit Hilfe Ihres Pferdes. Lassen Sie sich überraschen!

Lernen Sie sich und Ihr Pferd kennen

Joining – Kommunikation im Round Pen

Gefühl entwickeln: Vorbereitung auf den Tanzkurs

Der Unterschied zwischen Join up und Joining

In diesem Kapitel gehen wir zurück in Ihre Kindheit, und Sie erfahren, dass sich in Ihren Schultern ausklappbare Stangen und Fäden befinden, und wie Sie Balance gewinnen.

Die wichtigste, grundlegende Aktion in meinem Kommunikationstraining mit einem Pferd ist die Arbeit im Round Pen, ähnlich dem von Monty Roberts entwickelten so genannten „Join up"-Verfahren. Join up bedeutet, dass sich das Pferd dem Menschen anschließt, sodass es freiwillig zu ihm hinkommt (engl. to join = sich anschließen; join up = sich *eng* anschließen, eine Gemeinschaft bilden). Dem Join up folgt bei Monty Roberts das „Follow up" (engl. to follow = folgen; follow up = eng folgen). Das Pferd folgt, wenn der Mensch weggeht, und zwar ebenfalls freiwillig.

Das von mir weiterentwickelte „Joining" greift im Unterschied zu Monty Roberts deutlicher und konsequenter die Erkenntnis von Bill Dorrance auf, dass es sich dabei im Grunde um nichts anderes handelt als um den permanenten beiderseitigen Austausch von indirekten Gefühlen zwischen Mensch und Pferd. Außerdem arbeite ich im Joining stärker heraus, dass Körpersprache immer Ausdruck des Gefühls ist. Folglich setzen wir Körpersprache viel feiner und bewusster ein und zeigen, in welchem Bezug Körper und Gefühl zueinander stehen.

Erinnerung an die Kindheit

Sie können ein Pferd, das aufmerksam ist und durch nichts gehindert wird, mit Ihrem Körper annähernd überall hindirigieren, ohne es zu berühren. Für Pferde ist das natürlich, sie tun es untereinander dauernd. Für uns Menschen könnte es ebenfalls natürlich sein, wenn wir uns dessen bewusst wären. Das Joining-Verfahren aktiviert unser *Bewusstsein* neu für eine alte, untergegangene Fähigkeit in uns.

Zum leichteren Verständnis: Erinnern Sie sich doch einmal ans Fangenspielen, wie Sie (vielleicht zum letzten Mal als Kind) jemandem hinterher gelaufen sind, ihn mit Ihrem Körper (und mit Ihrem Geist und mit Ihrem Gefühl!) getrieben haben; wie er sich in der letzten Sekunde Ihren greifenden Händen entzog; wie Sie es dann vielleicht geschafft haben, ihn in einer Ecke zu stellen; wie Sie dann das Spiel spielten: Du entkommst mir nicht; wie sich daraufhin ein *Tanz* ergab: ausweichen nach links, ausweichen nach rechts, Durchbruchversuch.

Haben Sie damals mit Kompass gearbeitet, um die richtige Richtung zu erkennen, in die Sie laufen mussten, oder mit einem

Joining durch indirektes Gefühl – von der Einladung (oben links) bis zum perfekten Anschluss (unten rechts). Der Körper von Camilla dirigiert die Araberstute Nizsara.

Zirkelmesser, um den jeweils richtigen Radius Ihrer Bewegungen zu berechnen?

Natürlich nicht, alles lief nach *Gefühl* und *Wahrnehmung* ab: nach Ihrem Gefühl und nach dem Gefühl Ihres Spielgefährten. Und nach Ihrer beider Wahrnehmung dessen, was der andere in diesem Augenblick gerade machte.

Sie haben auch nicht gedacht: „Noch 3, 75 Meter, und dann habe ich sie", sondern das „Timing" war in Ihnen – Ihr Zeitgefühl, *wann* Sie *wie schnell wohin* zu laufen hatten. Ihr Timing entsprang Ihrem Gefühl. Und Ihr Gefühl wiederum wurde gespeist aus Konzentration – Konzentration auf das, was Gefühl und Körper Ihres Spielgefährten Ihnen sagten, und was Ihr eigener Geist und Ihr eigener Körper signalisierten. Um all das geht es bei der Joining-Arbeit im Round Pen, nur dass das Ziel nicht lautet: Der eine fängt den anderen; sondern: Der eine *führt*, der andere *folgt*. Das endgültige Ziel ist, dass sich beide *in Harmonie miteinander* bewegen wie beim *Tanzen*.

Klarheit und Bedeutung

Zum Bewusstsein im Umgang mit Pferden gehört deshalb zunächst, dass wir eine *klare Körpersprache* sprechen, dass wir *wissen, was* wir „sagen" und *wie* wir es sagen, denn jede Bewegung hat eine (andere) Bedeutung. Das unterscheidet mein Joining-Verfahren und mein Vorgehen von dem anderer Trainer: Jede Bewegung, die ich im Round Pen (oder sonstwo mit Pferden) mache und meine Schüler lehre, ist daher eine möglichst *bewusste* Bewegung, deren *Bedeutung* klar ist. Selbst Profi-Trainer verhalten sich nach meiner Beobachtung körpersprachlich oft ausgesprochen grobschlächtig, und es ist dem Gleichmut der Pferde zu danken, dass sie bereit sind, die wichtigsten Botschaften herauszufiltern.

Das Geheimnis der Balance

Dazu kommt, dass wir beim Joining auch Klarheit gewinnen über unser *eigenes Gefühl* (das ja durch unsere Körpersprache zum Ausdruck kommt) und über das *Gefühl des Pferdes* (das ebenfalls durch Körpersprache zum Ausdruck kommt). Konzentration, Energie und (Zeit-) Gefühl helfen uns dabei. Wem es an Konzentration, Energie und (Zeit-) Gefühl fehlt, der bekommt eine klare Rückmeldung von seinem Pferd – wie etwa beim Reiten. Nur mit dem einen wesentlichen Unterschied: dass die Rückmeldung im Round Pen weniger gefährlich oder schmerzhaft ist.

Um beim Fangenspielen erfolgreich zu sein, ist – ebenso wie beim Tanzen oder beim Reiten – außer Konzentration, Energie und (Zeit-) Gefühl noch etwas anderes wichtig: die *Balance*, also das körperliche, geistige und seelisch-emotionale Gleichgewicht. Wer nicht im Gleichgewicht ist, trifft die falschen Entscheidungen, stolpert und schwankt, geht zu forsch vor oder zu ängstlich.

Im Umgang mit Pferden bedeutet dies viererlei: Etwa, dass der Mensch sein Pferd schlägt oder es verhätschelt; dass er am Zügel reißt oder sich gar nicht erst traut, den Zügel anzunehmen; dass er Druck macht, wo Leichtigkeit gefordert wäre; dass er Nachgiebigkeit praktiziert, wo Grenzen zu ziehen wären.

Die wenigsten Menschen haben *wirklich* ein Gefühl für Pferde. Diese Erkenntnis eint erfolgreiche Profis wie erfolglose Tüddel-Tanten. Meine Seminarteilnehmer wundern sich immer, wenn ich ihnen vor Kursbeginn ankündige, dass das, was wir tun werden, weit unterhalb ihres gewohnten *Niveaus* ist. Dass wir so bodenlos tief ansetzen, wie sie es nie erwartet hätten.

Die Bodenlosigkeit meint die *Tiefe des Gefühls*, die wir entwickeln müssen, um uns und den Pferden wirklich *gerecht* werden zu können.

All das lässt sich im Round Pen sehr gut herausfinden: Wie es um unsere Konzentration steht; welches Maß an Energie man aufzubringen in der Lage ist (oder wieviel Energie man reduzieren muss); und wie gut Ge-fühl und Timing ausgeprägt sind. Jedes Zuviel und Zuwenig gefährdet die Balance – die eigene und die des Pferdes. Im Round Pen findet am Ende jeder das richtige *Maß* für das richtige *Gefühl*. Der Mensch findet es für sich und sein Pferd, und das Pferd findet es für sich und den Menschen.

Doch wie gelangt man zur Balance, zum inneren und äußeren Gleichgewicht? Alles beginnt mit *Wahrnehmung*, also der Weise, wie wir eine Sache oder ein Lebewesen mit unseren Sinnen erfassen. Wahrnehmung bedeutet zugleich, diesem Lebewesen (und sich selbst) *Aufmerksamkeit* zu *schenken*, sich ihm zuzuwenden und zu be-*achten*.

Indem wir bewusst wahrnehmen, beginnen wir, andere Gedanken und Gefühle zu entwickeln, und Reaktionen zu zeigen. Wahrnehmung ist zugleich auch *Zuwendung*, so gesehen, also ein *Geschenk* für den anderen. Das Geschenk, ihn anzusehen, ihm zuzuhören, *seine Wahrheit* in uns aufzu*nehmen* – ihn also so *zu nehmen, wie er ist*. Nur so ist er wirklich zu erkennen.

Um das zu erreichen, braucht man freilich eines auch: *Zeit*. Ohne ein Mindestmaß an Zeit wird es niemals gehen. Wenn wir allerdings – selbst innerhalb eines knappen Zeitbudgets – das richtige Gefühl an den Tag legen, ist schon viel geholfen. Das ist eine wichtige Erkenntnis heutzutage, da uns allenthalben die Zeit fehlt: Wir können den Mangel an Zeit mit einem größeren Maß an Gefühl, wenn schon nicht wettmachen, so doch zumindest *stark ausgleichen*.

Zeit und Gefühl ergeben *Zeitgefühl*, also die Fähigkeit, jeweils den *günstigsten Zeitpunkt* zu wählen. Im Zusammenspiel mit einem anderen Lebewesen kommt es oft auf gutes Timing an. Beim Tanzen etwa macht es Sinn, mein eigenes Knie in dem Augenblick zurückzuziehen, wenn das Knie meines Tanzpartners nach vorne schnellt. Im Sattel sollte mein Gesäß in dem Augenblick nachgeben, wo der Rücken des Pferdes nach oben kommt. In beiden Fällen gibt es ansonsten eine Kollision.

Konzentration, Wahrnehmung, Energie und (Zeit-) Gefühl führen also zur Balance *innerhalb* eines Lebewesens. Balance kann es aber auch *zwischen* zwei Lebewesen geben, wenn Harmonie besteht: Wenn zwei Körper, zwei Herzen und zwei Gehirne sich im Einklang befinden.

Das ist letztlich das Ziel des Joinings, wie beim Tanzen: dass sich Mensch und Pferd im Einklang befinden. Es beginnt mit Wahrnehmung und mündet in Balance. Dazwischen liegen die gemeinsamen Entwicklungsstufen im Joining: Führen und Folgen; Miteinandergehen; echte Partnerschaft. Pferde fühlen lernen, kann man im Prinzip überall. Am einfachsten, am nachhaltigsten und am effektivsten jedoch beim Joining.

Übung macht den Meister

Wie bei einem richtigen Tanzkurs und wie bei allen Bewegungslehren, sei es für Tennis, Golfen oder Reiten oder auch Bodentraining mit dem Pferd, findet die schriftliche Darlegung der einzelnen Schritte hier ihre Grenzen.

Ein Stück weit können die Bewegungen aber dennoch im Trockenkursverfahren beschrieben werden. Nach meiner Auffassung und nach den Erkenntnissen der Lernpsychologie ist ein erster Wissensrahmen in jedem Fall hilfreich, um die Versuche in der Praxis effizienter zu gestalten. Dennoch gilt auch hier: Erst die Übung, die (häufige) Praxis, macht den Meister. „Pferdeflüstern" kann jeder lernen, keine Frage, doch es hängt immer vom Fleiß, vom individuellen Talent, von den Lehrern und den Umständen ab, wie gut und wie schnell es gelingt.

Bodentraining mit Pferden, Reiten und Tanzen unterscheiden sich insofern von Golf, als jede Bewegung, jeder Gedanke in unmittelbarem (Körper-) Kontakt mit dem Partner stattfindet und immer eine sofortige Reaktion bei ihm hervorruft, die aus seinem Denken, Fühlen oder einfach nur aus Instinkt oder Reflex entsteht. Das macht den Reiz, aber auch die Schwierigkeit des Verfahrens aus. Deshalb ist selbst in einer ausführlichen Darstellung nicht jede Aktion oder Reaktion zu beschreiben, zumal jede Begegnung von Mensch und Pferd theoretisch jederzeit neue Aktions- und Reaktionsmuster hervorbringen kann.

Führen und Folgen aufgrund von indirektem Gefühl: Hände, Schultern und Beine bewegen sich synchron.

Fotoserie auf Seite 65 oben: Test mit ausklappbaren ,Stangen': Bild 1: Anja – in der Position des Pferdes – bewegt sich vorwärts, sie hat ihre Augen dabei leicht geschlossen, um sich auf ihr Gefühl zu konzentrieren. Bild 2: Als Heinz den Arm hebt, tritt Anja deutlich an, sie richtet den Oberkörper auf und schwenkt die Arme.

Bild 1: Hier hat Anja ebenfalls die Position des Pferdes eingenommen. Heinz hat die Distanz verkürzt, dadurch aber Anja nicht zu mehr Bewegung veranlasst, sondern im Gegenteil: Anja „wehrt" sich (Bild 2) – ihre Schulter drückt leicht gegen Heinz. Das Zucken mit der Schulter (Bilder 2 und 3) verstärkt eher noch Anjas Widerstand. In Bild 3 lehnt sie sich sogar gegen Heinz. Erst das Heben der Hand bringt sie in Bewegung (Bild 4): Anjas linkes Knie hebt sich.

Ausweichen und Folgen

Ich beschränke mich deshalb – trotz der gebotenen Ausführlichkeit – auf die Beschreibung einiger *Grundmuster*. Auf den Kern reduziert könnte man sagen: Bodentraining besteht (wie Tanzen) aus einem dauernden Wechsel von *Ausweichen* und *Folgen*, wobei einer die Führung übernimmt: Wenn das linke Bein des Führenden beispielsweise nach vorne schwingt, muss das rechte Bein des Geführten nach hinten ausweichen; wenn die rechte Schulter des einen nach hinten zieht, sollte die linke Schulter des anderen folgen. Es versteht sich von selbst, dass die jeweiligen Bewegungen von Bein oder Schulter keine isolierten Vorgänge sind, sondern im Zusammenspiel mit anderen (in diesem Fall untergeordneten) Bewegungen stattfinden.

So ist es auch in unserem „Boden-Tanz-Training": Wenn jemand etwa die linke Schulter nach hinten dreht, so bedeutet dies, dass sich auch die Hüfte mitdreht und mit der Hüfte das linke Bein. Jeder, der diesen Versuch einmal im Stehen unternimmt, merkt allerdings, dass er diese Schulterdrehung auch (mehr oder weniger) isoliert ausführen kann. Er braucht dazu nur sein Becken und den linken Fuß zu fixieren. Die Bewegung fällt dann allerdings etwas verkrampft aus.

Lassen Sie deshalb in unserem Training Ihre Bewegungen *fließen* und im Zweifelsfall *die* Körperteile mitgehen, die das möchten. Denn nicht jede einzelne Bewegung kann genau beschrieben werden. Das wäre ähnlich sinnlos wie jemandem, der noch nie einen Apfel gegessen hat, den Geschmack mit chemischen Formeln und vielen Worten zu erklären. Und merken Sie sich: Wann immer Sie eine Vorwärtsbewegung vom Pferd haben möchten, drehen Sie sich in der gewünschten Bewegungsrichtung *mit*. Wollen Sie eine Rückwärtsbewegung, so gehen Sie *selbst rückwärts* oder drehen sich *gegen* seine Bewegungsrichtung.

Die Kraft der Schulter

Ihre Schultern besitzen aus der Sicht der Pferdes so etwas wie unsichtbare ausklappbare Stangen: Sie können das Pferd damit ,anschieben' oder abbremsen. Sie können die Stangen einfahren oder ausklappen, je nachdem welche *Energie* Sie hineinlegen. Die ,Stangen' sind da nichts anderes als Ihre bewusste Körperenergie, die über die Verlängerung Ihrer realen Schulter hinaus wirkt. Machen Sie mit einem Freund einmal folgenden Test: Stellen Sie sich einander gegenüber, und zwar so, dass Sie auf eine seiner Schultern schauen, etwa zweieinhalb Armlängen voneinander entfernt. Ihr Freund ist in der Position des Pferdes. Er bleibt inaktiv stehen, während Sie Ihre

rechte Schulter um 90 Grad nach links vorne drehen. Ihre *linke* Schulter dreht im gleichen Maß nach links hinten, ebenso wie Ihr linkes Bein. Ihr rechter Fuß kann seinen Standort beibehalten.

Fragen Sie Ihr Gegenüber, ob es etwas gespürt hat. Als Nächstes wiederholen Sie die Bewegung, nur, dass Sie diesmal Ihre rechte Schulter während der Bewegung mehrmals ruckartig zucken lassen. Was hat Ihr Freund jetzt gespürt? Irritation? Wahrscheinlich, denn Zucken ist ein unklares Energiemuster – die Energie steigt und sinkt innerhalb von Sekundenbruchteilen. Zucken Sie nie!

In der dritten Variante heben und strecken Sie Ihren rechten Arm nach rechts vom Körper weg und lassen ihn mit der rechten Schulter gemeinsam die Linksdrehung vollziehen. Der ausgestreckte Arm ist nichts weiter als die sichtbar gemachte Energie, die von Ihrer Schulter ausgeht.

Mit Sicherheit spürt Ihr Freund die Energie Ihrer Schulter – wie, das hängt von seiner Sensibilität ab. Ob, wie und wann er darauf reagiert, hängt von seinem Respekt vor Ihnen ab, von seinem Vertrauen oder seiner Aufmerksamkeit. Weicht er bereits aufgrund einer kleinen Schulterbewegung nach vorne: Klasse! Volles Vertrauen. Bedarf es mehr Bewegung? Auch noch okay. Er war vielleicht nicht voll konzentriert oder gehört eher zu der etwas schwerfälligeren Sorte. Vielleicht müssen Sie aber auch den ganzen Arm ausfahren, bis Ihr Freund merkt, worum es geht. Im Prinzip kein Problem, solange er es überhaupt merkt.

Gehört er hingegen zu den Widerspenstigen, dann Vorsicht! Diese Spezies fordert Ihre gesamte Geduld und Cleverness. Die wollen wissen, wie konsequent Sie sind, sonst bewegen sie nur das Nötigste. Es könnte sich in diesem Fall genauso gut um ein Pferd handeln, das von Menschen trainiert wurde, im Zweifelsfall sein Leben selbst in die Hand zu nehmen.

In diesem Fall müsste Ihre Hand den Partner berühren, um ihn zum Ausweichen zu veranlassen. Würde der sich immer noch wehren, müsste die Hand fester drücken, bis er sich in die gewünschte Richtung bewegt.

Unsichtbare Fäden

Ihre Schultern besitzen jedoch nicht nur ausklappbare *Stangen*, sondern auch unsichtbare *Fäden*, an denen Sie jemand anderen mit sich ziehen können – vorausgesetzt, er respektiert Sie oder vertraut Ihnen. Bleiben wir bei der oben genannten Übung: Angenommen, Ihr Freund wäre vor der (Druck-)Energie Ihrer Schulter ausgewichen. Wenn Sie nun mehr Bewegung von ihm wünschen, also nicht nur ein Ausweichen, sondern ein gemeinsames Weiterbewegen, dann wäre es nicht klug, den Druck aufrechtzuerhalten. Denn das würde irgendwann unweigerlich zum Gegendruck führen, selbst bei jemandem, der Ihnen vertraut.

Besser wäre es, wenn Sie den Schwung der ersten (Druck-)Bewegung dazu nutzten, Ihrem Freund ein wenig mehr Bewegungsfreiheit einzuräumen, ohne Ihr Ziel aus den Augen zu verlieren. Dazu klappen Sie Ihre rechte Schulterstange in *dem* Augenblick ein, da Sie sehen, dass Ihr Gegenüber sich bewegt. Sie selbst drehen sich *weiter* nach links und tun jetzt so (bilden es sich also ein), als ob Ihr rechtes Schulterblatt durch einen Faden mit der linken Nasenseite Ihres Freundes verbunden wäre.

Ziehen Sie mit Ihrer Schulter vorsichtig vorwärts, nicht abrupt, sondern *mit Gefühl*. Na, ist Ihr Freund mitgekommen? Wie gesagt, es hängt mit seinem Respekt und Vertrauen zusammen. Später, beim Pferd, ist es zunächst die jeweilige Nüster, an die Sie seitlich den unsichtbaren Faden knüpfen, und die Ihnen zunächst folgen muss, damit schließlich das ganze Pferd folgen kann. ‚Stangen' und ‚Fäden' repräsentieren somit die Prinzipien ‚Raum nehmen' und ‚Raum geben': Die ‚Stangen' drücken (als indirektes Gefühl) gegen das Pferd, also *nehmen* sie ihm Raum. Die ‚Fäden' hingegen ziehen, sie fordern somit zur Folgsamkeit auf, indem sie dem Pferd Raum *gewähren*.

Unsichtbare Fäden an der rechten Schulter von Heinz ziehen Anja vorwärts, ohne dass sie hinschauen müsste. Sie fühlt es.

Reiten aus einigen Metern Entfernung

Die unterschiedlichen Bewegungsabfolgen bei einem systematischen und durchdachten Bodentraining sind genauso vielfältig und kompliziert wie beim Tanzen oder beim Reiten.

Genau genommen ist Bodentraining im Round Pen nämlich nichts anderes als Reiten aus ein paar Metern Entfernung (mit dem Vorteil, dass man selbst von einem bockenden Pferd nicht herunterfallen kann): Alles besteht auch hier aus Bewegung, Rhythmus und Balance, Konzentration und Gefühl.

Auch beim Bodentraining können Sie (wie beim Tanzen) vor oder hinter die Bewegung Ihres Partners geraten und aus dem Gleichgewicht kommen. Das zu lesen wundert Sie, wo Sie doch schon ein paar Profitrainern am Boden zugeschaut haben? Warten Sie's ab. Nicht jeder, der Bodentraining macht, kann es auch. Viele Pferde werden am Boden genauso konfus gemacht wie unter dem Sattel. Und es spricht auch hier wieder für die Geduld der Pferde, dass sie das ertragen.

Selbstbeherrschung gefragt

Im Bodentraining gibt es mehr Laien mit Profistatus, als man denkt. Bodentraining ist Körper- und Gefühlssprache pur. Pferdegerechtes Bodentraining verlangt zunächst (und vor allem!) die Beherrschung der eigenen Körper- und Gefühlssprache: das Wissen also (oder zumindest die Bereitschaft, es herauszufinden), wie der eigene Körper ‚spricht', welche Gefühle und Gedanken er selbst mit kleinsten Bewegungen zum Ausdruck bringt.

Das ist im Bodentraining aus doppeltem Grund wichtig: erstens, weil Mensch und Pferd hier mehr als anderswo über die Optik, das gegenseitige Beobachten, kommunizieren; zweitens aber auch, weil beim Bodentraining (anders als im Sattel) dem Menschen das Gefühlsregulativ der eigenen Gefährdung fehlt.

Mit anderen Worten: Beim Reiten (vor allem ohne Sattel) wird er sich seine Energieeinwirkung auf das Pferd gut überlegen und jede überzogene Handlung tunlichst vermeiden. Beim Bodentraining mit seinem geringeren Gefährdungspotenzial ist das Risiko, Gewalt auszuüben, wenn der Mensch sich nicht selbst beherrscht, ungleich größer. Das gilt zwar weniger für das Joining-Verfahren, doch fortgeschrittene Trainingstechniken vom Boden aus, wie Sie in der Fortsetzung dieses Buches beschrieben werden, beinhalten dieses Risiko eindeutig.

Da sind Sie sprachlos!

Bodentraining ist daher – mehr noch als Reiten – immer auch *Menschentraining*. Es wundert nicht, dass viele Teilnehmer durch unsere Seminare sogar eine neue *Lebensperspektive* gewinnen – und zwar ohne jegliches Einzelcoaching in Berufs- oder Lebensfragen. Ein Anstoß liegt vielleicht darin, dass so mancher erstmals einen sprachlich lautlosen Dialog mit einem Lebewesen führt und auf diesem Weg das *Zu-Hören* entdeckt.

Eine Teilnehmerin, Sonja, brachte es am dritten Tag unseres Seminars auf den Punkt. Noch voller Erregung schilderte sie ihr Schlüsselerlebnis: „Gestern Abend bin ich sofort in den Stall gegangen. Und erstmals seit 20 Jahren habe ich eine Stunde bewusst kein Wort mit meinen Pferden gesprochen. Es ist unglaublich, wie viel ich in dieser Stunde über sie und über mich erfahren habe."

Ein anderer Impuls mag sein, dass Menschen im Round Pen lernen, Geist, Gefühl und Körper in Balance zu bringen. Womit ich wieder beim Tanzen wäre: Auch hier geht es darum, sich ganz auf den anderen einzulassen und mit ihm gemeinsam Geist, Gefühl und Körper in Balance zu bringen; eine Harmonie zu schaffen, die Bewegung erzeugt.

Um nichts anderes geht es beim Joining. Doch wie beim Tanzen müssen zunächst die Schritte gelernt werden. Lernen Sie sie genau, versuchen Sie ihre Struktur zu verstehen, dann geht es Ihnen irgendwann beim Umgang mit dem Pferd und beim Reiten wie beim Tanzen: Zwei Körper scheinen eins zu werden.

Gefühl entwickeln: Schlüpfen Sie selbst in die Rolle Ihres Vierbeiners

Hier können Sie am eigenen Leib erfahren, welche Kraft Ihr Blick hat, was Bewegungsänderungen bedeuten und was ein Pferd beim Joining empfindet.

Von der Konfrontation zur Partnerschaft

Um selbst ein *Gespür* für die *Empfindungen der Pferde* für Ihre *Energie* zu bekommen, machen Sie doch mal ein kleines, höchst aufschlussreiches *Experiment*, wie ich es auch meinen Kursteilnehmern empfehle: Je zwei Personen stellen sich wie zuvor schon einander im Abstand von ein, zwei Metern gegenüber. Einer spielt den Menschen, der andere das Pferd. Das ‚Pferd' steht am besten an einer Wand und zwar so, dass ein Ohr dem Menschen zugewandt ist. Das ‚Pferd' schaut – ohne den Kopf zum Menschen zu drehen – geradeaus. Der Mensch schaut auf das Profil des ‚Pferdes'. Das menschliche Pferd steht somit so, wie es im Round Pen stehen würde: in Bewegungsrichtung auf dem Hufschlag.

Aus dieser Position guckt der Mensch sein ‚Pferd' nun scharf an – je nach *Temperament* sollten Stirn oder Kinn mit dem Ausdruck einer gewissen Energie vorgestreckt werden. Spüren Sie, welcher Druck zwischen Ihnen entsteht? Der Mensch spürt seine eigene Energie, das ‚Pferd' die des Menschen. Vielleicht möchte es am liebsten fliehen. Nehmen Sie die Empfindungen bewusst wahr und lassen Sie sie kurz wirken. Das ist das *indirekte Gefühl*, die erste und wichtigste Form der Kommunikation mit und zwischen Pferden.

Spüren Sie als ‚Pferd' jetzt mit dem *Gefühl* der Frage nach: „Was würde ich am liebsten machen – weiterlaufen, stehen bleiben,

Der Mensch steht mit 90-Grad-Winkel zum ‚Pferd'. Beide tauschen indirekte Gefühle aus. Die Informationen gehen zwischen beiden hin und her.

Die Öffnung des Körperwinkels hat dem Pferd Entlastung beschert. Vergleichen Sie das Bild auf Seite 70 und schauen Sie auf die linke Fußspitze von ‚Pferd' Anja. Sie hat sich dem Menschen zugewendet.

mich zum Menschen hindrehen?" Fangen Sie nicht an zu *denken*. Etwa: „Wie kann ich ihm ein Schnippchen schlagen?" Oder: „Was wird er wohl tun, wenn ich ...?" Nein, empfinden Sie einfach, *fühlen* Sie. Vielleicht tun Sie damit den ersten Schritt auf dem Weg, zu lernen, wie ein Pferd denkt und fühlt.

Als ich diese Übung einmal im Seminar mit einem anderen Mann spielte – ich in der Rolle des Menschen, er in der Rolle des Pferdes –, wurde der ‚Druck' durch meinen Blick von ihm als so stark empfunden, dass sich sogar seine Haut an den Stellen, auf die mein Blick jeweils fiel, rötete. Nach eigenem Bekunden war er „kurz davor, auf mich loszugehen". Was würden *Sie* als ‚Pferd' am liebsten tun?

Im nächsten Übungsschritt behält der Mensch seine Position zwar bei, senkt jedoch den Blick, atmet deutlich aus und lässt die Schultern ein wenig hängen. Ergebnis? Die *Energie* sinkt ab, der Druck wird deutlich verringert. Nun dreht sich der Mensch geschmeidig und ohne Hektik ein wenig nach links oder rechts (immer in die Bewegungsrichtung, in die das ‚Pferd' bereits schaut). Für das ‚Pferd' bedeutet diese kleine Öffnung noch mehr Entlastung, Befreiung, je mehr sich der Mensch dreht. Merken Sie's?

Auch vom Menschen fällt ein Stück weit Druck ab. Drehen Sie sich Stück für Stück weiter. Sie sind als Mensch nun so weit, dass Ihre Schulter genau eine Linie mit der Schulter des ‚Pferdes' bildet. Was spürt das ‚Pferd' jetzt? Der Druck ist ganz gewichen – für beide.

Der Mensch hat sich in dieser Übung um 90 Grad gedreht. Der Druck ist verschwunden! Der Mensch, der sich gedreht und seine Energie reduziert hat, ist von *Bedrohung* auf *Partnerschaft* umgestiegen: Schulter an Schulter. Wie fühlt sich sein Gegenüber, das ‚Pferd'? Angenehm. Statt an Flucht oder Widerstand zu denken, kann es jetzt *entspannen*.

Von der Partnerposition zur Folgsamkeit

Weiter im Experiment: Als *Mensch* beginnen Sie nun, mit Ihrer Schulterachse ein wenig zu spielen: Drehen Sie sie (und damit sich selbst) um jeweils ein paar Grad weiter nach links (oder nach rechts). Die Verlängerung Ihrer Schulterlinie ist nun – je nachdem – ein bisschen vor oder hinter der Schulterlinie Ihres ‚Pferdes'. Fragen Sie Ihr ‚Pferd', was es dabei empfindet, wenn sich Ihre Schulter bewegt. Empfindet es Druck, wenn Ihre Schulter *hinter* seiner Schulter ist? Spürt es einen Zug, wenn Ihre Schulter *vor* seiner ist?

Irgendwann dreht sich der Mensch um weitere maximal 90 Grad (wieder in Laufrichtung des Pferdes) und steht mit dem Rücken zum ‚Pferd'. Nichts tun, stehen bleiben und warten. Jetzt geht's ums ‚Pferd'. Was empfindet es nun? Wieder heißt es: gucken und *fühlen*. Die Antworten werden unterschiedlich ausfallen: Ist diese Schulter vor mir wie eine Wand, die mich bedroht? Oder: Fühle ich mich angezogen und spüre das Verlangen, darauf zuzugehen? Oder simpel: Da ist gar keine Empfindung, mal abwarten, was die Schulter als Nächstes macht.

Spielen Sie als ‚Pferd' ein paar *Möglichkeiten* durch und fühlen Sie in sich hinein. Erleben Sie, wie es sich anfühlt, wenn Sie der Schulter folgen; oder – umgekehrt – was passiert, wenn Sie stehen bleiben, während die Schulter sich langsam wegbewegt.

Spielen Sie auch das Gegenteil Ihrer Neigungen durch: Eigentlich möchten Sie nicht folgen. Tun Sie es dann doch! Wie verändert sich Ihr Gefühl, Ihre Wahrnehmung? Und umgekehrt: Sie wollen eigentlich folgen, fühlen sich vom Sog der Schulter angezogen. Bleiben Sie trotzdem stehen, bewegen Sie sich nicht und spüren Sie in sich hinein, was geschieht, wie sich das anfühlt. Tauschen Sie danach die Rollen und erleben Sie das Ganze aus der Perspektive des anderen.

Kein Mensch weiß, was Pferde *wirklich* fühlen. Mit diesem Spiel finden Sie aber heraus, wie es sein *könnte*, denn Tatsache ist: Pferde verhalten sich genau so, wie Sie es in diesem Spiel tun und empfinden. Vielleicht hatten Sie Schwierigkeiten, Ihr ‚Pferd' zum Folgen zu animieren. Vielleicht ging es aber auch ganz leicht. Was haben Sie dafür getan und wie fühlten *Sie* sich dabei? Als ‚Pferd' sind Sie vielleicht gerne gefolgt. Woran lag das, bei Ihnen und bei Ihrem Menschen? Oder andersherum: Sie wollten dem anderen partout keinen Schritt hinterherlaufen. Lag's an ihm oder an Ihnen?

Das Experiment ist sehr aufschlussreich und verläuft mit anderen Partnern immer wieder anders. So wie auch der Umgang mit verschiedenen Pferden immer anders ist. Als erster Trainingsschritt ist es jedenfalls unverzichtbar. Wenn meine Kursteilnehmer später mit ihrem Pferd auf dem eingefriedeten Trainingsplatz stehen und erstmals das Joining versuchen, kommt es ihnen deshalb vor, als wäre es gar nicht das erste Mal.

Sollte jetzt in dem einen oder anderen – wahrscheinlich männlichen– Leser der Eindruck keimen, so viel *Sensibilität*, Empfinden, Fühlen, das sei doch „Weiberkram“, so frage ich ihn einfach: Ist Fremdsprachenlernen – und um nichts anderes handelt es sich hier – nur etwas für empfindsame Frauen?

In einem weiteren interessanten Test geht es darum, das unsichtbare *Band des Vertrauens* zwischen Mensch und Pferd (bzw. Mensch und Mensch) zu knüpfen und zu überprüfen. Andrea spielt diesmal das Pferd, das folgen soll, Anja mimt den Menschen, dem das Pferd folgen soll.

Andrea (links) und Anja prüfen ihr Band des Vertrauens. Je weiter Andrea Anja wegziehen lassen kann – ohne dass der Faden reißt – desto stärker ist Andreas Vertrauen in Anja.

Zunächst stellt sich der Mensch dazu so vor das ‚Pferd‘, dass es sich nicht bedrängt fühlt und fragt es, ob es eine *Verbindung* , so etwas wie ein unsichtbares Band, fühlt. Wenn das ‚Pferd‘ bejaht, darf der Mensch Fuß für Fuß vorwärts gehen, doch nur so lange das ‚Pferd‘ ihm Schritt für Schritt bestätigt, dass das Band noch vorhanden ist.

Der *Wechselpunkt* ist der Ort, an dem das Pferd nicht mehr bereit ist, zu folgen. Das ist der Punkt, an dem das unsichtbare Band des Vertrauens gerissen ist. Der Abstand zwischen Mensch und ‚Pferd‘ zeigt, wie groß (oder klein) das Vertrauen ist. Ein solches Band des Vertrauens besteht auch zwischen Pferd und Mensch, und es ist um so länger und stärker je besser die Vertrauensbeziehung zwischen beiden ist. Wer erwartet, dass sein Pferd ihm auch auf größere Entfernung folgt, muss also etwas für das gegenseitige Vertrauen tun, wie es beim Joining geschieht.

Lehrstunde in der Herde: Das Joining, wie es die Natur erfunden hat

In diesem Kapitel erfahren Sie, welche atemberaubenden Beobachtungen über natürliche Pferdeerziehung der 13-jährige Monty Roberts in der Wüste von Nevada machte; was er von den Cherokee-Indiandern lernte, und wie diese Erfahrungen unser ganzes Wissen über den Umgang mit Pferden auf den Kopf stellen kann. Vor allem aber, wie wichtig es manchmal sein kann, dass Papageien pupsen.

Die Beobachtungen des jungen Monty

All unser Wissen über den Umgang mit Pferden stammt prinzipiell aus den *Beobachtungen* von Pferden in ihrem natürlichen Umfeld und in ihren sozialen Gemeinschaften – als Fohlen bei der Mutter und dann im *Herdenverband*. Der deutsche Verhaltensforscher Professor Klaus Zeeb nennt das Pferd ein „hoch spezialisiertes *Fluchttier* der Grassteppe". Der Amerikaner Monty Roberts beobachtete schon als 13-jähriger das Verhalten von wilden Mustangherden in der Hochwüste von Nevada. Aus diesen Beobachtungen leitete er, später unterstützt vom amerikanischen Tierarzt und Verhaltensforscher Dr. Robert Miller, sein System her, das von ihm so genannte „Join up", eine *Erziehungsmethode* für das Pferd, die seinem ursprünglichen Verhalten abgeguckt ist.

Mit Sicherheit hat Roberts aber auch vielfältige Anregungen so genannterPferdezähmer des 19. Jahrhunderts aufgegriffen, wie etwa das sogenannte ‚gentling' seiner amerikanischen Landsleute Willis J. Powell, der sogar wilde Eber zähmte (Monty probierte die Methode mit Hirschen) oder die ‚Vertrauenslektionen' von Jesse Beery aus Ohio. Ausdrücklich erwähnt wird Bill Dorrance als Lehrmeister von Monty Roberts, der ebenfalls im kalifornischen Salinas gelebt hatte.

Der kleine Monty und sein jüngerer Bruder Larry sollten damals hundert Wildpferde für das Rodeo in Salinas zusammentreiben. Bei diesem Unternehmen machte Monty eine erstaunliche Beobachtung: Er konnte mehrere Tage lang zusehen, wie ein aufmüpfiger brauner Jährlingshengst von der Leitstute höchst eindrucksvoll *erzogen* wurde.

Grenzen austesten

Der junge Mustang hatte sich offenbar vorgenommen, seine Grenzen auszutesten. So rempelte er mal hier ein Stutfohlen an, mal dort eines. Mal biss er, mal trat er. Monty beobachtete, wie sich die Leitstute dem Wüstling bei jeder Untat ein Stückchen mehr *näherte*. Als der kleine „Terrorist" bei seinem vierten Opfer in der Herde angekommen war, um einen neuen Anschlag zu verüben, stürzte sich die Leitstute wie eine Furie auf den Übeltäter.

Die Herde bietet Pferden in freier Wildbahn Schutz und Sicherheit. Ausgestoßen zu werden bedeutet für Pferde das Todesurteil.

Zuerst warf sie ihn zweimal zu Boden, und als er sich wieder aufgerappelt hatte, *scheuchte* sie ihn aus der Herde – etwa dreihundert Meter weit weg. Dort ließ sie ihn allein zurück und bezog Posten am Rand der Herde, ohne ein Auge von dem Übeltäter zu wenden. Der Junghengst schien von der Attacke und den *scharfen Blicken* der alten Stute so beeindruckt, dass er zunächst nicht wagte, zurückzukommen.

Für das Tier eine fatale Situation, denn, so ausgestoßen zu sein, bedeutet für Pferde quasi das *Todesurteil*. Weit weg von der Herde, auf sich allein gestellt, sind sie den Angriffen von Raubtieren schutzlos ausgeliefert. Wer von seiner Herde getrennt ist, fällt ihnen über kurz oder lang zum Opfer.

Der Kleine versuchte daher bald alles, um wieder in die Herde zurückzukommen: Er umrundete sie in der Hoffnung, dass es die Leitstute nicht merke – ohne Erfolg. Die alte Stute war immer genau da zur Stelle, wo sich der junge Hengst einschleichen wollte. Immer wieder lief sie drohend auf ihn zu und verscheuchte ihn erneut.

Gleich bleibender Abstand

Monty fiel dabei auf, dass der Abstand zur Herde von knapp dreihundert Metern immer gleich blieb. Er beobachtete auch, dass die Bewegungen und Gesten des Mustangs, wenn er sich in die Situation ergab, immer dieselben waren: So stakste der junge Braune hin und her – mit dem Kopf dicht über dem Boden.

Monty interpretierte das als Geste des *Gehorsams*. Und wann immer die Stute ihn nach einem Rückkehrversuch in die Herde nach außen gedrängt hatte, sah Monty, wie Maul und Zunge des Hengstes *kauende* oder *leckende* Bewegungen machten. Wer Fohlen zusammen mit älteren, fremden Pferden beobachtet, weiß, dass sie ebenfalls mit einer (allerdings anderen) Art Kaubewegung dem Älteren demütig bedeuten wollen: „Tu mir nichts, ich bin ja noch so klein!"

Immer wieder ließ die Leitstute den Aufmüpfigen zwischendurch in die Herde zurück, putzte ihn, schabte mit ihren Zähnen über seinen Hals und seine Hinterhand, bearbeitete seine Schweifrübe, seine Hüften, seinen Widerrist. Sie verhätschelte ihn geradezu. Immer wieder muckte der Jüngling allerdings auch auf und nahm sich die nächste Frechheit heraus. Dann ging jedes Mal alles wieder von vorne los.

Beim *dritten* Rauswurf nahm das Hengstchen die Verbannung an und entfernte sich mürrisch, aber schicksalsergeben von der Herde, ohne dass ihn die Blicke seiner Erzieherin auf Abstand halten mussten. Insgesamt widmete sich die Stute *vier Tage lang* der Erziehung des Hengstes. Dann hatte er es „gefressen": Bereitwillig kehrte er zur Herde zurück und zeigte sich fortan geradezu vorbildlich kooperativ. Zu jedem lief er hin und schien zu fragen: „Soll ich dein Fell pflegen?"

Die Körpersprache der Leitstute

Monty Roberts entdeckte damals *zwei Schlüsselmerkmale*: erstens die *Stellung der Körper* zweier Lebewesen zueinander und die *Richtung*, in die sich eines von ihnen fortbewegt. Dabei kommt es vor allem auf den *Winkel* an, in dem sich die beiden zueinander befinden. Die Körperhaltung der Tiere, schreibt Monty Roberts, genauer gesagt: in welchem Winkel ihre Längs- und Querachsen zueinander stehen, sei im Grunde das ganze „Vokabular".

Das heißt: Ob die Pferde (1.) einander Auge in Auge gegenüberstehen (auch auf weite Entfernung!) oder ob (2.) ein Pferd sich so platziert, dass es im rechten Winkel auf den Widerrist des anderen schaut, oder ob (3.) beide Pferde parallel zueinander stehen – jede Position hat eine andere Bedeutung. Sie kann, kombiniert mit entsprechendem Blick und Körperspannung und mit unterschiedlicher Intensität, „Hau ab!" bedeuten oder „Friede!", „Komm näher" oder „Folge mir!"

Hören wir uns den Dialog der beiden Pferde einmal an, wie er von Monty interpretiert wird. Die Leitstute fixierte den jungen

Diese beiden Pferde stehen in Partnerposition nebeneinander, wobei der Fuchs allerdings ein klein wenig ,die Nase vorn' hat. Das kann Ausdruck seiner Führposition sein, möglicherweise kann es aber auch bedeuten, dass er vom Braunen hinter ihm ,vorgeschickt' wurde.

Braunen, der fast dreihundert Meter weit weg stand, *frontal*: Wirbelsäule gestreckt, Kopf geradeaus auf den kleinen Widerborst gerichtet. Für den signalisierte die energische Haltung: „Nur wegbleiben!" Drehte sie sich hingegen so, dass sie annähernd *parallel* zu ihm stand, so bedeutete das für den Hengst Entwarnung: „Ich darf näherkommen." Bevor sich die Stute allerdings so versöhnlich zeigte, wartete sie auf ein Zeichen der „Reue" ihres Zöglings. Monty stellte immer wieder fest, dass der kleine Braune nach einer gewissen Zeit der Isolation mit dem Maul dicht über dem Boden hin und her strich. Monty interpretierte das so, dass das junge Pferd mit dieser Geste um *Verhandlung* seines Falles nachsuchte: „Ich will jetzt gehorchen und bin bereit zuzuhören."

In der Tat kann man bei *jedem* Pferd über kurz oder lang diese Reaktion feststellen. Auch nach meinen Erfahrungen mit über 1.300 Pferden unterschiedlichen Alters, unterschiedlicher Rasse und Herkunft senkt das Pferd irgendwann seinen Hals und zieht mit der Nase am Boden – bisweilen Runde um Runde – seine Bahnen.

Wenn ein Pferd seine Nase knapp über dem Boden plaziert, so kann dies mehreres bedeuten: „Lass' mich in Ruhe, ich fresse jetzt." Oder: „Interessant, mal riechen, wer vorher hier war." Auf jeden Fall entzieht es der Umwelt seine Aufmerksamkeit.

Kopf- und Halshaltung des Pferdes

Ich würde dieses körpersprachliche Signal allerdings *noch nicht* als Ausdruck der absoluten Willfährigkeit des Vierbeiners ansehen: „Ich will jetzt gehorchen und bin bereit zuzuhören." Stattdessen versucht sich das Pferd im Dialog mit Mensch oder Pferd nach meiner Erfahrung mit dieser Körperhaltung eher geistig zu entziehen: „Ich will mit der Sache eigentlich nichts mehr zu tun haben."

Vogel-Strauß-Politik

In gewisser Weise erinnert mich das Bild an die sogenannte „Vogel-Strauß-Politik": den Kopf in den Sand stecken. Da es sich aber um eine Körperhaltung handelt, die das Pferd beim Fressen einnimmt, vermute ich eher, dass die Botschaft eines Pferdes mit einer solchen Kopfhaltung lautet: „Lass mich in Ruhe. Mittagessen!" Kopf auf dem Boden kann aber auch heißen: „Mal riechen, wer vorher hier gewesen ist." Wenn ein Pferd diese Körperhaltung im Round Pen zeigt, bedeutet das so viel, wie wenn ein Mitarbeiter während des Gesprächs mit Ihnen Zeitung liest. Ziemlich unhöflich, oder?

Tatsache ist, darauf weist Verhaltensforscher Miller hin, wenn das Pferd den Kopf ganz auf den Boden gesenkt hat, kann es *weder Freund noch Feind sehen*, hören oder riechen. Und fliehen kann es so auch nicht. Dass es sich dabei aber um eine *Unterlegenheitsgeste* handelt, wie Monty Roberts von Miller übernommen hat, leuchtet nur wenig ein. Da liegt die Vermutung, dass es sich um ein „Verhandlungsangebot" handelt, schon näher. Im Grunde ist es ja wie bei den so genannten Arbeitsessen: Auch sie dienen in der Regel der Einstimmung auf Verhandlungen, ohne eindeutige Festlegung für die Verhandlungspartner.

Fressen oder fliehen

Die Kopf- und Halshaltung des Pferdes in der Horizontalen gibt Auskunft über seinen grundsätzlichen Gemütszustand. Als „hoch spezialisiertes Fluchttier der Grassteppe" steht das Gras sozusagen in enger Beziehung zur Sicherheit des Pferdes: Entweder (1) frisst es das Gras mit bis zum Boden gesenkten Kopf – geringe Gefahrenstufe; oder (2) es schaut mit hoch erhobenem Hals und Kopf über das (in der Natur möglicherweise sehr hohe) Gras hinweg, um Gefahren in der Ferne zu orten – Zeichen für möglicherweise höchste Gefahrenstufe.

Das Pferd auf Bild 1 zupft gemächlich am Gras – weder Forderung noch Gefahr weit und breit.
Auf Bild 2 hat es den Kopf gehoben, um dem Fotografen seine Aufmerksamkeit zu widmen. Bei Gefahr wäre der Kopf noch höher aufgestellt.

1

2

In dieser Döshaltung ist das Pferd völlig entspannt. Würde es sich in dieser Körperhaltung bewegen, und die Nase noch ein wenig nach hinten nehmen, so wäre die optimale Körperhaltung für stressfreies Lernen erreicht.

Über die unterschiedlichen Interpretationsmöglichkeiten der Fresshaltung des Pferdes (1) wurde bereits oben gesprochen. Hebt das Pferd Kopf und Hals hingegen stark (2), so befindet es sich in einer potenziellen Flucht- oder Abwehrhaltung. Der Adrenalinspiegel steigt und die Schwingungsfrequenz der Gehirnströme verändert sich. In diesem Stresszustand ist das Pferd am wenigsten für Verhaltensänderungen im Sinne von Lernen ‚ansprechbar'.

Interessant, dass diese Haltung, in der das Genick den höchsten Punkt darstellt, das Ideal des *Dressurreitens* darstellt. Bei genauerem Hinsehen ist es allerdings kein Wunder, denn nur in dieser gespannten Stresshaltung kann das Pferd *die* Bewegungen ausführen, die in den Lektionen des Dressurreitens enthalten sind und die jenes natürliche Bewegungspotenzial von Pferden nutzen, das in ihren Kämpfen und Rangordnungsauseinandersetzungen zum Ausdruck kommt.

Dösend lernen

Die dritte Kopfhaltung befindet sich physiologisch zwischen der ersten und zweiten: Das Pferd trägt seinen Hals leicht unter oder über der Waagerechten – die Döshaltung. Bei Menschen sprechen wir von der Entspannungsphase des Gehirns , wenn sich die Gehirnströme im Alphawellenbereich bewegen. Lernforscher entwickeln seit den Sechzigerjahren Methoden, um das Lernen für Menschen zu erleichtern, indem sie diese Entspannungsphasen gezielt nutzen.

Vorwärts-abwärts

Für das Training von Pferden ist die Körperhaltung, die beim Dösen eingenommen wird, von großer Bedeutung. Die alten Ausbilder wussten das, ohne einen blassen Schimmer von Gehirnströmen und Lerntheorie zu haben.

Das Vorwärts-abwärts-Reiten von jüngeren Pferden – so genannten Remonten – diente (und dient immer noch) nicht allein dem Zweck, Rücken und Nackenband des Pferdes zu stärken, wie heutzutage fast ausschließlich behauptet wird. Sondern – viel wichtiger zunächst – es sorgt dafür, das Pferd in den *psychischen* Zustand zu versetzen, in dem es am ehesten in der Lage ist, den 'zweibeinigen Puma' auf seinem Rücken ohne Angst um Leib und Leben zu ertragen. Solange das Pferd vorwärts-abwärts geritten wird, sich also mit tendenziell eher gesenktem Hals nach vorne bewegt, ist es überdies optimal in der Lage, Informationen zu *verstehen*, zu *akzeptieren* und *umzusetzen*.

Die Westernreiter haben sich dies (wahrscheinlich in der gleichen Unkenntnis und ebenso intuitiv wie die alten europäischen Ausbilder) für ihre Turnierdisziplin „Pleasure" zunutze gemacht. In dieser Prüfung wird das ausgebildete Pferd ebenfalls vorwärts-abwärts geritten vorgestellt, mit schwingendem Rücken, den Hals eher gesenkt, die Nase leicht vor der Senkrechten. Jedenfalls in der Theorie.

In der Praxis haben die meisten Turnierreiter den Sinn dieser Disziplin, die doch „Vergnügen" bedeutet, kaum begriffen. Das zeigen die Bilder, die besonders auf hochdotierten Turnieren zu sehen sind: Armselige, wenn auch blitzblank gewienerte, mit allem möglichem glänzenden Schnickschnack ausstaffierte „Pleasure"-Pferde, die – bisweilen mit brutalsten Ausbindetechniken – zum Halssenken genötigt wurden, schleichen unter ihren stocksteif sitzenden, mit Gold und Flitter behangenen Reitern daher, als wäre ihnen das letzte Stück Leben ausgetrieben worden.

Wer hingegen den Sinn von vorwärts-abwärts begriffen hat und systematisch in die Ausbildung einbaut, der weiß, dass er jeden Lernschritt seines Pferdes in dieser Körperhaltung am besten trainieren kann.

Er weiß aber auch, dass sein Pferd in dieser Haltung am sichersten zu reiten ist. Voraussetzung ist jedoch, dass das Pferd den Weg in die Tiefe *von selbst* findet und nicht – wie auch beim hierzulande exzessiv betriebenen Longieren – ausgebunden dazu gezwungen wird. Dann ist vorwärts-abwärts die Garantie für schonendes Reiten schlechthin. Schonung für Reiter und Pferd, Schonung für Leib und Seele.

Das Beziehungskonto

Zurück zu den Beobachtungen des jungen Monty Roberts an der Wildpferdeherde. Der Junghengst strich also nach einer gewissen Zeit der Isolation durch die Leitstute mit dem Maul dicht über dem Boden hin und her – Ignoranz oder Verhandlungsangebot. Eine typische *Haltung*, wie auch ich sie tausendfach beobachten konnte.

Vielleicht liegt es an der Erfahrung hiesiger Pferde mit ihren Menschen: Unsere Pferde, zumindest die, die ich genauer kennen gelernt habe, verfügen – im Unterschied zu Pferden, die in freier Wildbahn ohne jeden oder nur mit geringem Kontakt zu Menschen aufwachsen – schon über ein gehöriges (Plus-)*Punktekonto* im (Rangordnungs-)Spiel mit ihren Menschen. Mit anderen Worten: Sie sind in der Kommunikation mit Menschen tonangebend. Kommt nun einer daher, der im Round Pen mehr oder weniger Klartext redet, ist das für ein Pferd durchaus überraschend: Es „versteht" zwar, was los ist, aber es passt ihm nicht.

Kein Wunder: Alle unsere Pferde haben schon zu viele „gute" beziehungsweise – je nach Perspektive – schlechte Erfahrungen gemacht, um allzu schnell in ernsthafte Verhandlungen eintreten zu wollen. Entweder misstrauen diese Pferde ihren Menschen zu sehr, oder (was in diesem Fall notgedrungen aufs Gleiche herauskommt): Sie vertrauen zu sehr auf die eigene *Durchsetzungsfähigkeit*. In der spezifischen Round-Pen-Situation kann dann aus der Sicht des Pferdes durchaus ein Kompromiss sinnvoll sein. Und der lautet bei bis auf den Boden gesenktem Kopf vielleicht: „Lass mich in Ruhe!"

Das Punktekonto ist ein interessantes, zumindest aber praktikables Bild. Dahinter steht der Gedanke eines ‚*Beziehungskontos*' (wie es dies auch unter Menschen gibt). Gemeint ist damit, dass wir – bewusst oder unbewusst – Aktionen, Reaktionen und Interaktionen mit anderen *bewerten*: Wir verteilen so etwas wie Plus- und Minuspunkte im Miteinander – positive oder negative Gedanken, Gefühle. Die Punkte werden bewusst oder unbewusst auf geheimen Konten bilanziert. So kommt es, dass andere bei uns (und wir bei ihnen) eher im Plus oder eher im Minus stehen. In besonders emotionalen Situationen kommt es dann zur Zwischenbilanz, bei manchen bisweilen auch zum brutalen Kassensturz: Schuldzuweisungen bis hin zur Bankrotterklärung oder Kündigung sind die Folge.

Auf das Pferd-Mensch-Verhältnis übertragen bedeutet das: Wann immer das Pferd im Umgang mit seinen Menschen die Nase vorn hat, schreibt es sich Pluspunkte auf seiner Habenseite gut.

Der Mensch rutscht im gleichen Zug ins Minus. Je unausgeglichener das Konto, desto unausgeglichener ist auch das Verhältnis zwischen Pferd und Mensch. Pferde mit einem stattlichen (Plus-)Punktekonto haben die verständliche Neigung, Menschen als potenzielle Bankrotteure zu betrachten. Ihre Achtung ist dementsprechend gering.

Montys Interpretation weist dennoch zumindest in die richtige Richtung: Auch hier ist es nur eine Frage der Zeit, bis die ernsthaften „Verhandlungen" beginnen. Freilich sollten wir uns nicht auf ein allzu schnelles Ergebnis freuen. Vom ersten Verhandlungsangebot bis zur wirklichen Folgsamkeit können drei, vier Minuten oder –wenn man Pech– hat, auch drei, vier Tage vergehen.

Das bedeutet natürlich nicht, dass Sie nun zu Hause ein Nachtlager neben Ihrem Round Pen aufschlagen müssten. Es bedeutet nur, dass es in der Regel drei abgeschlossener Übungseinheiten bedarf – sinnvollerweise an drei Tagen hintereinander (und nicht mit einer Woche oder mehr Abstand dazwischen) – , bis Ihr Pferd Ihnen mit voller Überzeugung folgt.

Die Kopf- und Halshaltung der Pferde verrät Spannung. In dieser Position kann es Bewegungen in der Ferne orten.

Was Blicke uns sagen können

„Auch der *Blickkontakt* zwischen den beiden sprach Bände“, schreibt Monty Roberts. „Wenn die Stute den jungen Braunen verbannt hatte, sah sie ihm stets in die Augen, und dies manchmal unangenehm lange. Wich ihr Blick ein wenig ab, so konnte er damit rechnen, wieder in die Herde aufgenommen zu werden.“

Roberts stellte fest, dass Pferde Blicke äußerst *feinfühlig wahrnehmen.* Dem kleinen Monty gelang es selbst aus großer Entfernung, ein Pferd in der hochsensiblen Mustangherde zur Änderung seiner Bewegungsrichtung und -geschwindigkeit zu veranlassen, indem er den Blick von einem Körperteil auf einen anderen richtete. Genau aus diesem Grund habe ich meine Blickrichtung im Round Pen geändert: Weg von den *Augen* – dahin, wo der *Reiterschenkel* liegen würde, säße ein Reiter auf dem Pferd. Denn der konzentrierte Blick in die Augen eines Pferdes kann durchaus auch zu einer Richtungsänderung (gegen oder durch den Zaun!) führen, weil das Pferd der Blickenergie ausweichen möchte.

Zum ersten Mal richtig bemerkt habe ich das bei meinem eigenen Pferd Fuzzy, einem damals dreijährigen Paint Horse. Beim Joining in unserem Round Pen lief Fuzzy gern mit nach außen gestelltem Kopf und blieb hier und da in einer der Ecken stehen. Immer wieder korrigierte ich meine Körperposition, dachte über diese und jene mögliche Ursache nach – ohne Erfolg. Bis ich merkte, dass *ich* Fuzzy (wegen seines hübschen Kopfes, und weil er überhaupt so nett ist) dauernd auf den Kopf und ins Auge schaute. Testhalber verschob ich meinen Blick Richtung Hinterhand – und siehe da: Seitdem ging Fuzzy (meistens) in schöner Innenstellung und blieb nie mehr in einer der Ecken stehen.

Der scharfe Blick

Der scharfe *Blick* gehört zum Imponiergehabe und zum Dominanz-Territorialverhalten, das allen Kreaturen auf der Erde angeboren ist. Der *direkte* Blick bedeutet in der Regel *Konfrontation* im Territorialkampf. Wer sein Gegenüber mit offenem Blick konfrontiert, erhebt Anspruch auf dessen Territorium. Wer den Blick *senkt,* verzichtet auf seine Territorialansprüche. Weniger martialisch ausgedrückt: Mit dem Blick in die Augen zwingen wir Menschen den anderen zumindest zu einer *Stellungnahme.* Um die Konfrontation aufzulösen, genügt schon ein kleiner Blick zur Seite. Der Blick in die Augen verrät also *Zwang*: „Beziehe Stellung, sag' etwas dazu.“ Oder: „Hau ab!“Die Wegnahme des direkten Blicks schafft *Befreiung*: „Brauchst jetzt nichts zu sagen.“ „Du kannst bleiben.“

Dennoch gilt es *in unserer Kultur* als negativ, wenn uns jemand *nicht* in die Augen schaut. Samy Molcho, Ex-Pantomime und international renommierter Körpersprachenlehrer, führt das zusätzlich auf das Phänomen zurück, dass die Augen bei uns Menschen eine *Sonderstellung* einnehmen. Sie haben – seit wir den aufrechten Gang praktizieren, um die Hände frei zu haben – eine Leitfunktion: Der Körper bewegt sich natürlicherweise nämlich dort hin, wohin die Augen gerichtet sind. Dort liegt sein Ziel, seine Nahrung, sein Freund, sein Feind – der Schwerpunkt seines Interesses, im positiven wie im negativen Sinn. Wenn uns jemand *nicht* anschaut, dann kann das also durchaus von Desinteresse künden. Es kann aber auch bedeuten: „Ich will dazu nichts sagen." Oder: „Dein Blick ängstigt mich." Da wir Menschen uns artgerecht verhalten, schauen wir den Pferden nur zu gerne in die Augen – mit oft fatalen Ergebnissen.

Weitere körpersprachliche Signale

Kreisende Kopfbewegungen

Zurück zu den Herden-Beobachtungen des jungen Monty: Jedes Mal, wenn der junge Mustang in seine Verbannung trottete, blähte er die Nüstern und vollführte mit seinem Kopf kreisende Bewegungen. Roberts liest daraus das (halbherzige) Bekenntnis: „Ich habe das nicht mit Absicht getan, es ist einfach passiert, und außerdem war der andere schuld." Nach meiner Beobachtung könnte dieser

Eindeutige Gestik: Mit angelegten Ohren, scharfem Blick und einem Seitwärtsschritt in Richtung des Gegners signalisiert der Schecke: „Verschwinde hier!" Oder: „Komm' nur nicht näher!"

junge Halbstarke mit dem Herumwerfen des Kopfes aber auch sagen wollen: „Verdammt, danebengegangen. Allmählich geht mir die Alte mit dieser Erziehung auf den Geist!“ Ich lese daraus eher eine *Unmuts- oder Übermutsbezeugung*, wie wir sie allenthalben vor allem bei jungen Pferden (und oft auch bei erwachsenen Arabern) beobachten können.

Das Blähen der Nüstern zu interpretieren, ohne es in der Situation genau gesehen zu haben, ist schwer. Dennoch: Auch hier scheint mir Montys stark vermenschlichende Erklärung sehr fragwürdig. Eher denke ich da an Wutschnauben oder tiefes Luftholen, um während des Rückzugs noch mal so etwas wie eine *Imponierhaltung* an den Tag zu legen.

Lecken und Kauen

Zu den „Zeichen der Reue“, so Roberts, auf die die Stute wartete, gehören auch die *Leck- und Kaubewegungen des Mauls.* Fakt ist: Durch den Mund nehmen Lebewesen Dinge in sich auf. Der sensible Apparat von Lippen, Zunge und Gaumen entscheidet über die Aufnahme und Abwehr von allem, was dem Körper zugeführt werden soll. Ich würde die bei allen Pferden immer wiederkehrende Geste des *Lippenleckens* zunächst eher als Zeichen der partiellen Öffnung interpretieren. Vielleicht will die Zunge die ihr gebotene „Nahrung“ allerdings auch wieder hinausschieben. Bei Menschen

Auch diese beiden Pferde sind sich in dieser Szene nicht ‚grün'. Der Schimmel scheint jedoch die Oberhand zu bewahren, denn die braune Stute hat ihre Vorwärtsbewegung verlangsamt. Die Beinstellung verrät es: Ihr linkes Vorderbein hätte in dieser Konstellation der Beinpaare schon vorwärts schwingen müssen.

bedeutet das kurze Herausschieben der Zunge während eines Gesprächs jedenfalls *Ablehnung*.

Vielleicht trifft es zu, dass das Pferd mit dem Lippenlecken zumindest *Nachdenken* signalisiert. Wir wissen jedoch nie, in welche Richtung das Nachdenken verläuft. Ob es bedeutet: „Cleverer Kerl, so kenne ich ihn gar nicht", oder: „Wie komme ich hier nur raus?", oder gar: „Beim nächsten Mal renne ich ihn über den Haufen!" – das wissen wir nicht (jedenfalls nicht im Augenblick unserer Wahrnehmung). Immer aber ist nach dem Lippenlecken eine Verhaltensänderung beim Pferd zu beobachten, wenn auch nur eine kleine.

In welchem Maß Pferde wirklich denken können und vor allem, *was* sie denken, mag dahingestellt sein. Dass sie denken *können*, ist nicht zu bezweifeln, denn sie setzen Informationen um, die sie aus Wahrnehmungen gewonnen haben, und sie sind lernfähig.

Auch wir Menschen neigen übrigens dazu, die Zunge – je nach Anstrengung und Denkrichtung– auf den Rand der Ober- oder Unterlippe zu legen. Samy Molcho ist der Auffassung, dass Menschen sich auch dann mit der Zunge über die Lippen fahren, wenn sie erregt sind, denn in der Erregung trocknen Lippen schnell aus. Insofern überzeugt mich Monty Roberts' Annahme nicht, der darin einen „Ausdruck der Reue" und eine Art Friedensangebot sieht: „Schau her, ich bin ein Pflanzenfresser. Ich bedrohe dich nicht. Ich fresse hier drüben."

Auch die *Kaubewegungen* des Pferdes interpretiere ich nach meinen Beobachtungen bei weit über tausend Pferden anders: Wer kaut, der verarbeitet Nahrung, bereitet sie auf die Verdauung vor. Im übertragenen Sinn könnte man also vermuten, dass die Kaubewegung des Pferdemauls bedeutet, dass das Pferd eine Information verarbeitet, dass es dabei ist, sie zu ‚verdauen'. In der Tat deutet Kauen immer darauf hin, so meine Beobachtungen, dass das Pferd zu akzeptieren beginnt, was der Mensch zuvor verlangt hat. Meist ist auch hier eine Verhaltensänderung die Folge.

Ganz anders sieht es aus, wenn das Pferd das Maul fest geschlossen hält. Die Zähne haben über das Nervennetz Einfluss auf den ganzen Körper. Auf die Zähne zu beißen, führt physiologisch zu Muskelspannungen – in Wechselwirkung mit psychischer Spannung. Wer die Zähne zusammenbeißt, ist mit scheinbar unlösbaren *Problemen* beschäftigt. „Er strahlt", stellt Molcho fest, „eine gewisse Unzufriedenheit aus, ist schwer zu interessieren". Kein Wunder also, dass Dressurausbilder auf eine gute „Maultätigkeit" achten. Wenn das Pferd hingegen (was oft genug vorkommt) mit den Zähnen *knirscht*, gibt es nur widerwillig nach.

All diese Kaubewegungen sind allerdings nicht mit dem so genannten „Leerkauen" eines Fohlens zu verwechseln, das es immer dann zeigt, wenn es von erwachsenen Pferden bedroht wird. Der Verhaltensforscher Zeeb nennt dies die „Unterlegenheitsgeste des noch nicht erwachsenen Pferdes" (die übrigens auch bei ausgewachsenen Stuten gegenüber dem werbenden Hengst vorkommt – allerdings nur, wenn die Stute noch kein Fohlen hatte).

Verarbeiten von Wahrnehmungen

Niemand auf der Welt hat je ein Pferd danach fragen können, was all dies *wirklich* bedeutet. Wir können nur aus der feinen Beobachtung seines Verhaltens und seiner Reaktionen auf die Bedeutung *schließen,* auf das, was uns das Pferd damit ‚sagen' will. Meines Erachtens reicht es zum besseren Verständnis durchaus aus, wenn man aus den Leck- und Kaubewegungen ‚liest', dass im Pferd etwas vorgeht, das mit der *Verarbeitung einer Wahrnehmung und Erfahrung* zu tun hat. Denn immer sind Lecken und Kauen *Vorboten* einer beginnenden Verhaltensänderung und damit absolut regelmäßige und *zuverlässige Signale.* In seinen Demonstrationen verblüfft Monty Roberts seine Zuschauer immer mit seinen Vorhersagen: „Als Nächstes wird es ...; jetzt kommt das ..." Und die Leute staunen, als handelt es sich um Magie.

Was wir von den Cherokee-Indianern lernen können

Vorstoß und Rückzug

Roberts beobachtete noch etwas, von dem er in einem anderen Zusammenhang schon durch seinen Onkel Ray gehört hatte. Er nennt den Vorgang *„Vorstoß und Rückzug"* und beschreibt das Phänomen so: „Wenn du das junge Pferd von dir wegdrängst, wird es instinktiv zu dir zurückkehren wollen."

Genauso machte es die graubraune Leitstute immer wieder mit dem Youngster: Erst schickte sie ihn mit eindeutigen Körperbewegungen von der Herde weg, dann zog sie sich zurück. Ein Verhalten, das für ihren Zögling bedeutete: „Ich schicke dich weg, ohne dich zu verletzen; ich bewege und kontrolliere dich, ohne dich zu berühren."

Die Beobachtung von „Vorstoß und Rückzug" im Erziehungsspiel zwischen Leitstute und Junghengst erinnerte Monty Roberts an die Methode der Cherokee-Indianer, *Wildpferde* zu fangen. Die Indianer hatten das Problem, in den großen Ebenen überhaupt auf Lassodistanz an die Pferde heranzukommen. Anstatt sich großartige technische Tricks einfallen zu lassen, setzten sie auf eine psychologische Finte und auf *Ausdauer und Geduld*: Ähnlich wie bei ihrer Jagd auf Hirsche, Antilopen und Bisons, von deren Fleisch sie sich ernährten, zogen sie *zunächst* eine Zeit lang hinter den Pferdeherden her. Sie *trieben* die Pferde dabei nicht vorwärts, sondern *folgten* ihnen zwei Tage lang ruhigen Schritts.

Die *Finte* bestand darin, zu einem gewissen Zeitpunkt kehrtzumachen. Ja, die Cherokee drehten einfach um und marschierten in die Gegenrichtung davon! Und das Unglaubliche geschah: Die Pferde folgten ihnen. Die Indianer brauchten die Pferde dann nur noch in vorbereitete Korrals zu führen – und hatten gewonnen.

Druck und Gegendruck

Roberts erklärt das Phänomen, dass Pferde ohne Not in die Falle laufen, mit dem „Druck-Gegendruck-Prinzip". Das bedeutet: Pferde geben bei Druck zunächst nicht nach, sondern gehen erst einmal instinktiv dagegen an. Jeder, der einem Pferd mit seinem Finger auf die Schulter gedrückt hat, weiß, was gemeint ist: Das Pferd drückt dagegen.

Die Cherokee-Indianer fingen Wildpferde ohne Hilfsmittel. Monty Roberts nennt die Methode „Vorstoß und Rückzug".

Roberts erklärt das zwar nicht in seinem Buch, dafür aber in einer Filmdokumentation: *Instinktiv* gehe das Pferd „in den Druck hinein“ – als *lebenserhaltende* Maßnahme sozusagen. Denn wenn es von einem Raubtier gebissen werde, würde Flucht die Verletzung nur verschlimmern; mit dem Dagegengehen indes wahre das Pferd seine Chance, die Verletzung zu mindern.

Eine andere, weniger dramatische Erklärung gibt es für den Umgang mit Menschen: Mit dem Gegendruck versucht das Pferd hier zunächst immer, seinen *Rangplatz* zu sichern. Denn jegliches Dem-Druck-Weichen bedeutet für das Pferd Nachgeben. Und ein ehernes Gesetz der Herde lautet: Wer ausweicht, hat verloren. Diesem Gegendruckprinzip zwischen Mensch und Pferd liegt vor allem aber mangelndes gegenseitiges Gefühl zugrunde.

Den Indianern werden derlei Überlegungen egal gewesen sein. Aber, wenn diese Überlieferung stimmt, haben sie für die Verhaltensforschung der Pferde einen wichtigen Beitrag geliefert.

Für unsere weiteren Überlegungen zum *gewaltlosen* Umgang mit Pferden bleibt aber noch etwas festzuhalten: Indem die Indianer den Pferden *folgten* – mit Absicht zwar, aber ohne sichtbaren Druck – übten sie, gemessen am feinen Empfinden der Pferde, wohl dennoch Druck aus – gerade so viel, dass die aufgewendete *Energie* die Tiere nicht zur Flucht veranlasste und wenig genug, um die Pferde zum ‘Gegendruck’ zu veranlassen.

Wenn wir nun Druck und Gegendruck durch *Gefühl* ersetzen, dann wurde auf dem *gemeinsamen, zwanglosen* Weg von Pferdeherde und Indianertrupp sozusagen ein *Gefühlsmuster* etabliert. In unserem Konzept haben wir das das *„indirekte Gefühl“* genannt.

Im Fall der Indianer war also nicht das Prinzip „Druck und Gegendruck“ *entscheidend* gewesen, sondern etwas ganz anderes: Dadurch dass die Indianer die Pferde begleiteten, Schritt für Schritt, Meile um Meile, ist mit Sicherheit auch so etwas wie eine *Beziehung* entstanden und in den Pferden so viel Neugier geweckt worden („Sie riechen zwar wie Raubtiere, aber sie verhalten sich nicht so!“), dass sie animiert waren, ihren plötzlich umkehrenden seltsamen Begleitern zu *folgen*. Eine erste Form von *Vertrauen* war etabliert.

Dass in diesem Verhalten am Ende wieder einmal die alte Geschichte abläuft, in der das *Vertrauen des Pferdes* vom Menschen *missbraucht* wird, steht auf einem anderen Blatt. Lassen wir diese ethische Problematik einmal außer Acht, so lässt sich aus dem cleveren Verhalten der Indianer eine Menge über den Aufbau von *Vertrauen*, über *Folgen* und *Führen* lernen. Es handelt sich sozusagen um eines der ersten verhaltenspsychologischen Experimente zum Zusammenleben von Mensch und Pferd.

Vorstoß und Rückzug bedeutet: Die Indianer folgten den Pferden zunächst ruhig und drehten in einem bestimmten Augenblick einfach um. Wundersam?

Wenn Papageien pupsen

Musterunterbrechung

Die Indianer hatten zusätzlich aber auch etwas praktiziert, was die Psychologie heute *Musterunterbrechung* nennt: einen Menschen oder ein Tier durch einen völlig unerwarteten Reiz von seinem gewohnten Verhalten abzulenken. In *Konfliktsituationen* ist dies eine der geschicktesten Möglichkeiten, eine dramatische Zuspitzung zu vermeiden. Ein praktisches Beispiel: Stellen Sie sich vor, dass Sie mit Ihrem Partner im schönsten Streit stecken. Ein Wort gibt das andere, alte Geschichten werden unter dem Teppich hervorgekehrt, die Lage ist völlig festgefahren. Jeder ahnt: „Wenn ich jetzt nachgebe, habe ich auf ewig verloren!" Ihnen steht die Zornesröte im Gesicht, Ihr Partner ist bereits den Tränen nahe (oder umgekehrt). Niemand möchte nachgeben, weil Gesichtsverlust droht. Stellen Sie sich jetzt vor, dass Sie in dieser Situation den Satz sagen: „Papageien pupsen ganz schrecklich!" Aus den Tränen der Trauer werden höchstwahrscheinlich Tränen vor Lachen, Ihr Blutdruck sinkt auf ein erträgliches Maß, und die Wogen der negativen Emotionen glätten sich. Eine simple Musterunterbrechung und das *Programm* wurde unterbrochen. Sie können neu und anders anfangen.

So etwa mag es auch Pferden gehen, wenn sie das Raubtier im Menschen riechen, aber keinerlei Raubtierverhalten bei ihm registrieren. Sie sind verblüfft, das Programm wird unterbrochen und sie werden neugierig. Die Karten werden neu gemischt. Genau wie bei Ihrem Streit.

Nachdem Monty Roberts verschiedene Wildpferdeherden über einen längeren Zeitraum beobachtet hatte, kam er zu der Überzeugung, dass die Tiere eine absolut präzise Sprache verwendeten: „Nichts geschah zufällig. Es handelte sich um *exakte Botschaften*, die stets das Gleiche bedeuteten und immer die gleiche Wirkung zeitigten." Denn: „Sie wiederholten sich immer wieder."

Verständnis und Vertrauen

Wer je ein „Joining" gemacht hat, wird dies bestätigen können: Es ist ein weitgehend lautloses Kommunikationssystem, das die Pferde anwenden. Sie zeigen auf körpersprachliche Aktionen hin *eindeutige Reaktionen*. Wer die ‚Sprache' der Pferde versteht, dem wird ihr Verhalten längst nicht mehr so rätselhaft vorkommen wie bisher.

Das Training im Round Pen ist freilich nichts Neues, und erst recht wurde es nicht von Monty Roberts erfunden. Erstmals erwähnt wurde der Round Pen vom römischen Geschichtsschreiber Vergil, der die Erfindung des Rundpferchs zur Ausbildung von Pferden den alten Griechen zuschrieb. Auch die Römer bedienten sich dieser Rundkonstruktion und nannten ihre große, von hohen Wänden umgebene Außenmanege „Gyrus". Durch die Rundform versprachen sich bereits die antiken Pferdeausbilder mehr *Konzentration* des Pferdes und die Aufrechterhaltung der *Vorwärtsbewegung*. Außerdem konnten sie verhindern, dass die Pferde ihnen ihr möglicherweise gefährliches Hinterteil entgegenstreckten. Auch der italienische Reitmeister Frederico Grisone, Gründer der ersten europäischen Reitakademie in Neapel und damit einer der Vorväter der heutigen Dressurreiter, ritt noch tausend Jahre später seine Pferde im Gyrus zu.

Wenn Monty Roberts den Round Pen also auch nicht erfunden hat, so war er es doch, der in gewisser Weise einen *völlig neuen* Umgang mit Pferden im Round Pen entwickelt hat. Bis zu Montys revolutionärem „Join up" war es unter amerikanischen (Western-) Pferdetrainern gang und gäbe, ihre Pferde mit Hilfe von Lassos unbeweglich zu machen, wie es auch im Roman und Film „Der Pferdeflüsterer" mit der gebotenen Dramatik erzählt und gezeigt wird.

Ziel des Verfahrens ist es, das jeglicher Bewegungsfreiheit beraubte und zu Boden gezogene Pferd zum Vertrauen zu *zwingen*. Grundgedanke dabei: Wenn das Pferd es *erlebt*, wie von einem

Raubtier erlegt worden zu sein, dann jedoch statt scharfer Krallen und tödlichem Biss die streichelnde, zumindest jedoch nicht bedrohliche Hand des Ausbilders zu spüren, wird es dadurch zu einer neuen Einstellung gelangen.

Im Grunde handelt es sich auch hier um eine Art Musterunterbrechung: Menschen riechen zwar wie Raubtiere, jagen auch wie Raubtiere, aber im Endeffekt sind sie nicht bedrohlich. Dabei hängt es freilich vom Charakter und Temperament des Ausbilders, aber auch von seinen Fähigkeiten mit dem Lasso ab, ob aus dem ausgesprochen radikalen Vorgehen tatsächlich Vertrauen entsteht oder am Ende der Schaden größer ist als der Nutzen. Denn es steht außer Frage, dass das Pferd bei diesem Verfahren leicht körperlichen oder seelischen Schaden nehmen kann.

Monty Roberts‘ Leistung besteht vor allem darin, derlei unnatürliche Methoden überflüssig gemacht zu haben. In der Tat ist doch zu fragen: Hat jemand in der Natur schon einmal eine Leitstute erlebt, die ein widerborstiges Herdenmitglied dadurch zur Ordnung rief, dass sie es zu Boden schleuderte und sich dann mit beiden Vorderbeine auf seinen Leib stellte? Nein. Montys Verfahren ist ohne Zweifel das angemessenere und der Natur des Pferdes entsprechendere. Ein Pferd zu fesseln und zu Boden zu zwingen – selbst wenn es so einfühlsam und gekonnt stattfindet wie im Film – ist aus der Sicht des Pferdes weitaus belastender. Vor allem aber ist es bedrohlich.

Interessant ist aber auch, dass selbst Monty Roberts noch nicht auf die Vorstellung vom Raubtier verzichten konnte. Auch in *seinem* Konzept spielt der Mensch noch Raubtier. Zum Bewegen des Pferdes im Round Pen empfiehlt er nämlich *Raubtierbewusstsein* und *Raubtierbewegungen*, um das Pferd an – und fortzutreiben – um es später dann, wiederum in der Rolle der Leitstute, zum Folgen einzuladen. Derlei Wandlung schafft kein Mensch so schnell: erst Raubtier, dann Leitstute. Und wahrscheinlich ist auch dem Pferd der Rollenwechsel nicht geheuer.

Es ist verblüffend zu sehen, in welchem Maß allein die Rollenzuschreibung (entweder Raubtier plus Leitstute oder *nur* Leitstute) das Verhalten von Menschen im Round Pen beeinflusst. Wer den Round Pen mit dem Auftrag betritt, zunächst Raubtier zu spielen, verhält sich *völlig* anders als derjenige, der von vornherein weiß, dass er die Leitstute für das Pferd sein will.

In unserem Konzept haben wir uns deshalb vollständig vom Raubtier verabschiedet und lassen den Menschen *ausschließlich* in die einzige für das Pferd akzeptable Rolle schlüpfen: in die der Leitstute.

Die erste Begegnung: Richtige Annäherung wirkt Wunder

Über das Geheimnis guten Streichelns, und warum auch bei der Begegnung mit Pferden die ersten sieben Sekunden entscheidend sind. Dieses Kapitel sollten Männer besser nicht lesen!

Die erste Chance kommt nie wieder

Gefühle wahrzunehmen, macht das Leben zwar gewiss nicht einfacher, aber erfolgreicher und friedvoller. Ein Sprichwort sagt: „Die erste Chance kommt nie wieder." Es bedeutet viel für die erste Begegnung von zwei Lebewesen, *wie* sie sich begrüßen, bevor und während sie sich *berühren.*

Ein Fohlen kann die Absicht seiner Mutter erkennen, wenn es von ihren Tasthaaren am Maul berührt wird: Es versteht, ob die Berührung „Ruhe" bedeutet oder „schnell, steh' auf"! Ein Fohlen kann auch am Blick der Mama erkennen, ob sie sagen will: „Du darfst an meinen Zitzen nuckeln" oder „bleib' nur weg, ich will jetzt dösen". Möglicherweise kann Ihr Pferd auch *Ihre* Absichten erkennen, wenn Sie auf die Wiese oder in den Stall kommen. Manche Leute meinen ja sogar, Pferde könnten Gedanken lesen. Je nach Einstellung, Bildung oder Verfassung seines Gesprächspartners wird man für diese Meinung heftiges Kopfnicken oder heftiges Kopfschütteln ernten. Niemand weiß wirklich, ob Pferde Gedanken lesen können, aber eines ist gewiss: Sie können *Gefühle lesen,* können sie empfinden. Und sie richten ihre Reaktionen danach aus. Denn in der Natur hängt ihr *Überleben* von dieser Fähigkeit ab.

Wann immer wir einem Pferd begegnen – in der Box, im Paddock, auf der Wiese oder im Round Pen –, tun wir also gut daran, zuvor unsere genauen *Absichten* und *Gefühle* zu überprüfen und sie uns bewusst zu machen, damit wir vom Pferd *die* Antworten bekommen, die wir uns wünschen. Denn wer einem Pferd das richtige Gefühl vermitteln will, muss sich *geistig* darauf vorbereiten, mit dem Pferd zusammen zu sein, und er muss sein Pferd mental darauf vorbereiten, mit ihm zusammen sein zu *wollen.*

Dem Gefühl des Pferdes folgen

Bevor Ihr Pferd *Ihrem* Gefühl folgen kann, und bevor es so entspannt ist, dass es Ihre Anweisungen entgegennehmen kann, müssen *Sie* bereit sein, *seinem Gefühl zu folgen.* Das heißt: Sie müssen sich auf das Pferd *einlassen, es beobachten* und so *aufmerksam* sein, dass Sie Veränderungen in seiner Verfassung sofort registrieren können. Wenn Sie dies beherzigen, sind Sie auf dem besten Weg, das Verhältnis zu Ihrem Pferd zu ändern, oder die Grundlage für ein *gutes Verhältnis* zu ihm zu schaffen. Dabei ist es egal, ob es sich um ein junges oder altes Pferd handelt, um ein Problempferd oder ein ganz einfaches.

Aufmerksamkeit und Beobachtung sind nichts anderes als *Respekt* und *Einfühlungsvermögen*, der Grundstein jeder guten Beziehung. Und eine gute Beziehung ist das Wichtigste im Zusammensein von Mensch und Pferd. Denn nur wenn ein Pferd die Gewissheit hat, dass ein Mensch auf seiner Seite ist, kann es wirklich ruhig bleiben und kooperativ sein. Sonst wird es seinen Selbstschutzinstinkt aktivieren oder dem Menschen respektlos begegnen.

Erste Annäherung

In den meisten Fällen möchte ein Pferd zunächst wissen, was Ihre *Absicht* ist, wenn Sie sich ihm nähern: Ob Sie es berühren und festhalten oder nur in seiner Nähe sein wollen. Wenn es durch Ihre Anwesenheit nicht nervös wird, dann ist es nur noch eine Frage der Zeit, bis seine Neugier und seine Intelligenz ihm sagen, dass Sie möglicherweise zu einem nützlichen Zweck da sind.

Bis dahin hat es sich jedoch bereits ein Bild gemacht. Denn jeder sinnliche Eindruck (etwa: „Herbert kommt") produziert zunächst ein Gefühl („Hm!"). Gleichzeitig mit dem Gefühl findet aber auch eine Bewertung statt („schön", „gefährlich", „lästig", „anstrengend", „langweilig"). Schließlich das Urteil: „Schön, dass Herbert gekommen ist." Oder: „Nein, nicht schon wieder dieser Langweiler!" Oder: „Der Kerl ist gefährlich!"

Jede Situation, jede Begegnung wird also vom Pferd zunächst darauf abgeklopft, ob sie nützlich oder schädlich ist. An einem be-

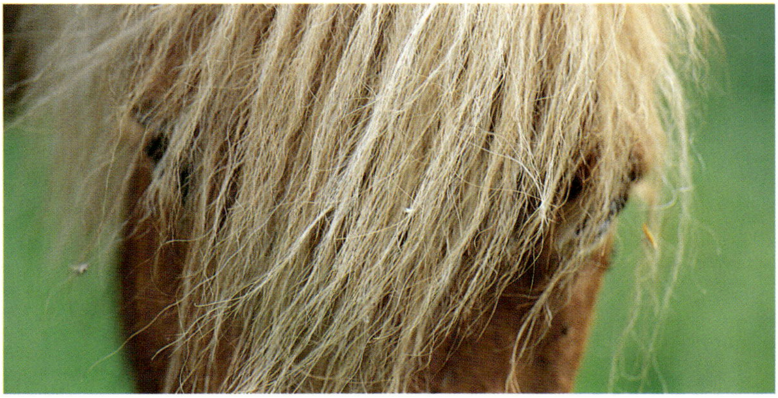

Allein die genaue Beobachtung eines Pferdes sagt dem Menschen schon, wie es zu ihm steht.

Auch bevor mit der Arbeit begonnen wird, sollte noch einmal gestreichelt werden. Ebenso zwischen allen einzelnen Arbeitsschritten. Pferde zeigen, was sie mögen, und was sie nicht mögen. Auch diese Wahrnehmung trägt dazu bei, das Verhältnis von Mensch und Pferd zu beeinflussen.

stimmten Punkt – je nach Ihrem Verhalten und seinen Vorerfahrungen – wird sich im Denken des Pferdes etwas verändern. Nur wenn Sie ein Pferd *aufmerksam beobachten,* werden Sie diese Veränderung mitbekommen: Das Pferd bekommt ein leicht verändertes Aussehen, sein Ausdruck verändert sich, wenn es sich dem Gedanken nähert, dass *Sie* ihm entweder eine *Hilfe* oder eine *Belästigung* oder eine *Gefahr* sein könnten. Es ist *Ihre* Aufgabe, das zu erkennen.

Wenn sich diese Veränderung abzeichnet – wir gehen zunächst vom positiven Fall aus, dass Ihr Pferd Sie als Hilfe ansieht – ist der Zeit-

punkt für eine erste kleine *Annäherung* zwischen Mensch und Pferd gekommen. Das Pferd empfindet Ihre Nähe dann als angenehm, und das ist die Gelegenheit für Sie, sich ihm ganz zu nähern oder seine Annäherung zuzulassen.

Streicheln kann Wunder wirken

Das Erste, was wir in der Regel tun sollten, wenn wir ein Pferd *begrüßen*, ist, es zu *streicheln*. „In der Regel" sage ich deshalb, weil sich nicht alle Pferde streicheln *lassen*. Doch dazu später. Lebewesen, die sich respektieren, begrüßen einander bei einer Begegnung. Jedenfalls tun das Menschen, und Pferde tun es auch.

Ein Pferd zu streicheln, ist der erste körperliche *Kontakt* durch direktes Gefühl. Manche sagen sogar: Es ist der wichtigste Kontakt. „Die ersten sieben Sekunden sind entscheidend", weiß die Psychologie – entscheidend für das zukünftige Verhältnis. Wir haben schon über das direkte und das indirekte Gefühl gesprochen. Jede Begrüßung vermittelt beides: direkte und indirekte Gefühle. Blickkontakt, Gestik, Mimik, Annäherung – zunächst ein Wirbel indirekter Gefühle, die verbreitet werden und die ankommen. Und dann der direkte Körperkontakt: umarmen, Hände schütteln, streicheln. Streicheln ist in unserem pädagogischen Konzept der ‚Räume' nichts anderes als die *friedlichste* Form des Raum*nehmens*, und somit erzieherisch äußerst wertvoll: Das Pferd lernt hierbei als erstes grundsätzlich, dass Raumnahme nicht nur unangenehm oder gar gefährlich ist.

Wir wissen bereits, dass ein Fohlen in der gleichen Bewegung und der gleichen Berührung seiner Mutter unterschiedliche Botschaften erkennen kann. Es kann die *Absicht* erkennen, und es verhält sich entsprechend. Wir Menschen können das eigentlich auch, nur ist dieses Potenzial – wie auch das körpersprachliche Potenzial – in uns weitgehend verschüttet. Uns fehlt das *Bewusstsein* dafür, die *Anerkennung* und *Wahrnehmung* unserer *Gefühle.* Unterschwellig „wissen" wir „es" zwar, aber wir messen ihm keine *Bedeutung* zu. Manchmal ahnen wir „irgendwie", „dass diesem Menschen nicht zu trauen ist". Wir sind dann verunsichert, und je nach Naturell ziehen wir uns zurück oder stoßen den anderen vor den Kopf. Uns fehlt meist die Klarheit der Wahrnehmung.

Dummerweise handeln wir deshalb meist *unbewusst*, aus einer Art Affekt heraus, wie etwa aus Angst oder Wut. Die Ursache ist einfach Unsicherheit. Unter Affekt versteht man ein Gefühl unter Kurzzeithochspannung, eine Reaktion auf eine Reizsituation. Charakteristisch für den Affektzustand ist die Minderung der Urteilskraft. Das Missverständnis der eigenen Gefühle und der Gefühle des anderen ist sicher ein wesentlicher Grund für die vielen großen und kleinen Konflikte in der Welt: im Freundeskreis, in der Familie, am Arbeitsplatz und mit dem Pferd.

Ein herzhaftes Gähnen lässt Luft ab und entspannt Sie und Ihr Pferd gleichermaßen.

Entspannt sein

Entspannung ist im Umgang mit Pferden immer richtig: lächeln, gähnen oder ein Liedchen pfeifen – auf jeden Fall gezielt Luft ablassen. Wenn Menschen im Umgang mit Pferden nicht *entspannt* sind, verspannen sich auch die Pferde, sie werden hart, und das bekommt wiederum der Mensch zu spüren. Manchmal sind Pferde natürlich auch schon von sich aus verspannt, dann werden sie dem Menschen gegenüber allerdings noch härter und alles wird noch schlimmer. Pferde können sich richtig aufregen, wenn sie etwas nicht *verstehen.* Deswegen müssen wir uns Zeit nehmen, um ihnen zu helfen, *sich* zu entspannen.

Es ist ganz wichtig, dass sich das Pferd in einem ausgeglichenen, sanften Gemütszustand befindet – *geistig, emotional* und *körperlich.* Sehen Sie es einfach einmal so: *Ohne* Menschen drumherum be-findet sich ein Pferd in der Regel in einem ausgeglichenen, sanften Gemütszustand! Es liegt also an uns *Menschen,* das Pferd in diesen Zustand zu bringen oder es darin zu halten, wenn wir mit ihm zusammen sind. Selbst ein Unerfahrener kann merken, wenn ein Pferd nicht in dieser Verfassung ist. Denn dann lässt es sich nicht so bewegen, wie der Mensch es will, oder es geht einfach *gegen* ihn.

Lächeln!

Haben Sie keine Sorge zu lachen: Ihr Lächeln auf den Lippen imitiert nicht das Zähnefletschen eines aggressiven Raubtiers, wie manchmal besorgt behauptet wird. Wenn Sie es nicht glauben, spielen Sie doch selbst mal das Raubtier und fletschen Sie die Zähne in bissiger Absicht. Dann setzen Sie das strahlendste Lächeln auf. Spüren Sie den Unterschied? Ihre Gefühle verändern sich mit dem Gesichtsausdruck. Ihr Gegenüber merkt das auch und Ihr Pferd erst recht, verlassen Sie sich darauf!

Einer der Lieblingssprüche von Menschen, die an der Bande des Reitplatzes stehen und uns beim Reiten zuschauen, lautet: „Läääächeln, reiten macht Spaahaaaß!“ Kein Wunder: Die da draußen sehen, wie angespannt wir sind, wenn wir im Sattel sitzen. Und wir sind angespannt, weil wir eine Lektion besonders gut reiten wollten, oder weil die Lektion noch nie gut funktioniert hat – oder weil wir fürchten, die Lektion gar nicht zu überleben.

Menschen, die sich stark konzentrieren, neigen dazu, dreinzuschauen wie der Weltenrächer – selbst dann, wenn sie sich auf etwas an sich Schönes konzentrieren. Deshalb lächeln Sie, gähnen Sie oder pfeifen Sie ein Liedchen, wenn Sie die geringste Anspannung spüren. Ihr Pferd wird es Ihnen danken. Und Ihre Ergebnisse werden besser.

Ich rieche Ihre Hand, Madame...

Es ist nie verkehrt, sich einem Pferd (wenn es fremd ist oder zu Scheuheit neigt) eher *seitlich*, also nicht mit der gesamten Körperbreite zu nähern. Und zwar in angemessenem Tempo. Das bedeutet, nicht zu hektisch – das wissen die meisten – aber auch wiederum nicht so langsam, dass es wie *anschleichen* wirkt.

Schauen Sie dem Pferd *nicht* in die Augen. Sind Sie angekommen, dann reißen Sie nicht gleich in freudiger Erregung die Hände hoch. Atmen Sie stattdessen aus, *entspannen* Sie sich (denken Sie an Ihr Lächeln!), und dann heben Sie den Arm langsam aber zügig von unten Richtung Pferdenase, damit das Pferd Ihren *Handrücken* beriechen kann. Also nicht gleich mit Schwung aus dem Schultergelenk Richtung *Pferdehals* wedeln! Verläuft der Hand-Nase-Kontakt erfolgreich, können Sie den Arm weiter heben und das Pferd streicheln.

Beginnen Sie am Hals, dann erobern Sie nach und nach seinen gesamten Körper. Den Kopf des Pferdes sollten Sie beim Streicheln aussparen – ausgenommen, Sie helfen dem Pferd, wenn es verschwitzt ist, oder beim Joining (siehe dazu Seite 168f.).

Lächeln Sie, wenn Sie die geringste Anspannung spüren. Lachen schafft Entspannung und gibt Vertrauen.

Richtig streicheln

Richtiges Streicheln – vor allem mit den Händen – kann Wunder wirken. Das Verblüffende ist jedoch: Die meisten Menschen streicheln nicht richtig. Da wird geklopft und gerubbelt, getätschelt und massiert, aber es wird nicht gestreichelt! Die Folge: Viele Pferde fliehen vor den Händen ihres Menschen. Und was macht der? Er hält das Tier fest, hindert es am Weglaufen, ist sauer oder enttäuscht und wundert sich, wenn sein Pferd ihn später abbuckelt. Das Spektrum falschen Streichelns ist groß. In meinen Seminaren wird den Pferden in dieser Hinsicht alles Mögliche zugemutet: vom zittrigen Rubbeln über das ungeschickte Massieren bis hin zum burschikosen Klopfen, oft gefühllos und unrhythmisch. Manche „streicheln" sogar mit dem Handrücken: Igitt, nur nicht anfassen.

Wenn die erste Annährung erfolgreich war, erobern Sie nach und nach den gesamten Körper.

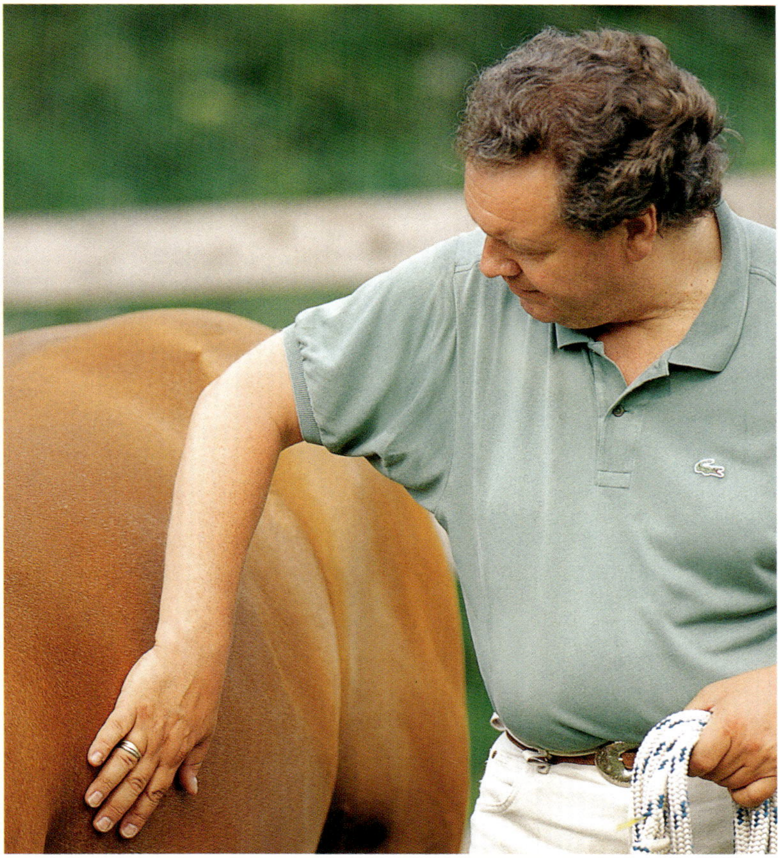

K.o. für einen Zweijährigen

Das Schlimmste aber habe ich (glücklicherweise) außerhalb meiner Seminare erlebt. Ein Bekannter wollte mir voller Stolz seinen neuen Hengst zeigen, einen Zweijährigen „mit großem Showpotenzial". Da es sich um einen Hengst handelte, war die Außenbox des Pferdes komplett geschlossen. Zunächst öffnete der Mann die obere Klappe der Tür. Ein Blick zeigte: Der Hengst stand an der gegenüberliegenden Wand der ziemlich kleinen Box. Also öffnete der Mann auch die untere Klappe und trat ein.

Während ich die untere Klappe von außen wieder zuschob, ging der Mann mit ausgestreckter rechter Hand forsch auf den stattlichen Junghengst zu, der seinerseits neugierig ein, zwei Schritte in unsere Richtung gemacht hatte. Ehe ich die Situation voll wahrnehmen konnte, schlug der Mann dem Hengst zur Begrüßung zweimal mit der flachen Hand auf die Halsseite, recht derb, wie man das „unter Männern" bisweilen macht.

Die Reaktion des Hengstes war fatal: Das Tier musste die derbe Begrüßung wohl als heftiges Kommando zum Ausweichen verstanden haben und reagierte. Da der Hengst in der kleinen Box aber weder nach hinten noch nach vorn, weder nach links noch nach rechts ausweichen konnte, ließ sich das arme Pferd einfach auf den Boden fallen.

Das Ganze spielte sich innerhalb weniger Sekunden ab, und mir wurde erst hinterher klar, dass sich hinter der scheinbar burschikosen Begrüßung von Seiten des Menschen in Wirklichkeit ein unsinniger *Rangordnungskampf* abgespielt hatte; ein Kampf nämlich, den der Mensch einseitig angezettelt hatte, offensichtlich aus *uneingestandener Unsicherheit* dem imposanten Hengst gegenüber und ohne jede Chance für das Pferd.

Die Krux mit dem Klopfen

Ein extremer Fall, zugegeben, aber dennoch beispielhaft für das mangelnde Gefühl, das Menschen Pferden gegenüber besitzen. Warum in aller Welt meinen wir, unsere Pferde durch *Klopfen* loben zu müssen? Machen Sie doch einmal selbst die Probe aufs Exempel: Klopfen Sie jemandem „anerkennend" auf die Schulter und sprechen Sie ein Lob aus. Dann streicheln Sie denjenigen mit denselben Worten kurz am Oberarm. Erspüren Sie dabei, was Sie als Lobender empfinden, und fragen Sie den Gelobten nach den Unterschieden in seiner Wahrnehmung. Dann tauschen Sie die Rollen und erleben es selbst. Was finden Sie angenehmer? Keiner meiner Seminarteilnehmer wollte fortan noch zum Lob auf die Schulter geklopft werden. Jeder empfand es als unangenehm bis herablassend. Jeder fühlte sich auch als Streichler weitaus besser denn als Klopfer. Und Sie?

Warum wird also überhaupt geklopft? Große Teile der Literatur über Umgang und Ausbildung sind durchzogen von *Misstrauen* gegenüber Pferden. Klar, Pferde sind groß und stark. Aber sind sie wirklich gefährlich, wie manche „Fachleute" es uns weismachen wollen? Meines Erachtens – gestatten Sie mir den Vergleich – sind sie genauso gefährlich wie ein Auto, dessen Lenkung und Bremsen nicht funktionieren und das dann auch noch von einem Betrunkenen gefahren wird. Nur: Wer entscheidet denn, ob Bremsen oder Lenkung eingebaut oder repariert werden? Richtig: der Halter des Fahrzeugs. Und wer ist dafür verantwortlich, mit klarem Kopf zu fahren? Wenn Sie mich fragen: Die Halter und Fahrer sind in Wirklichkeit gefährlich, nicht die Autos. Ein ordentlich konstruiertes Fahrzeug, regelmäßig gewartet und bei Bedarf fachkundig repariert, stellt keine Gefahr dar, solange es von jemandem gefahren wird, der das Ganze gelernt hat und sich den Regeln entsprechend verhält.

Lob oder Angriff?

Das Klopfen von Pferden steht meines Erachtens in direktem Bezug zum *Misstrauen* ihnen gegenüber oder zur *geringen Achtung*, die man ihnen entgegenbringt. Körpersprachlich bedeutet Klopfen nämlich mindestens zweierlei: entweder so etwas wie ein „sozialverträglicher" Angriff, ein Auf-Distanz-Halten, wie es in derben Männerbegrüßungen oft zum Ausdruck kommt. Oder:Das Beruhigen von jemandem, den man nicht sonderlich ernst nimmt.

Erinnern Sie sich doch einfach mal an die Siegerehrung beim letzten Spring- oder Dressurturnier. Kaum ein Pferd stand ruhig, trotz „beruhigenden Klopfens". Stattdessen wirbelten die Platzierten umeinander her, als hätten sie gerade auf eine Tellermine getreten. (Manche Westernreiter haben das anscheinend begriffen: Sie streicheln ihre Pferde sanft an Hals oder Kruppe und entsprechend gelassen nehmen es die Pferde hin.)

Andererseits tätscheln Erwachsene auch gern die Wangen von Kindern: „Schön gemacht", „Sei lieb". Hier kommt die Überlegenheitsgeste zum Ausdruck. Denken Sie daran: Auch Streicheln und Klopfen gehören ins Repertoire der Körpersprache. Und Körpersprache ist sichtbar gemachte Gefühlssprache. Welches Gefühl macht also Klopfen sichtbar, welches Streicheln?

Sanftes Streicheln am Hals statt herablassendes Klopfen: Entspannung nach getaner Arbeit.

Streicheln: Spielfeld für Beziehungsarbeit

Was ist denn nun Streicheln? Die *Kraft der Berührung* durch richtiges *Streicheln* stellt der israelische Physiologe Moshé Feldenkrais, dessen Arbeiten vor allem die kanadisch-amerikanische Pferdetrainerin Linda Tellington-Jones stark beeinflusst haben (Tellington-Touch), so dar: „Der Berührte merkt, was der Berührende fühlt, und ändert, ohne zu verstehen, sein Verhaltensmuster, um dem zu entsprechen, wovon er spürt, dass es von ihm erwartet wird."

In welchem Maß die Berührung eines Pferdes *für den Menschen* zudem *heilsam* ist, wissen wir aus den vielfältigen Formen des therapeutischen und heilpädagogischen Reitens. Ich wage sogar den Umkehrschluss: dass der gefühllose Umgang mit Pferden *unheilsame* Wirkungen im Menschen auslöst.

Grundsätzlich bedeutet Streicheln, einen *Kontakt* herzustellen über die Haut, das größte Organ, das Lebewesen überhaupt haben. Bei Menschen erstreckt sich die Haut über eine Fläche von immerhin etwa 1,7 Quadratmetern. Beim Pferd werden es schon ein paar Quadratmeter mehr sein. Ein Riesenspielfeld für *Beziehungsarbeit.* Allein die menschliche Haut verfügt über fünf Millionen Nervenenden sowie durchschnittlich 3000 Hautsinneszellen pro Quadratzentimeter!

Berührung ist die ursprünglichste Form der Kommunikation. Streicheln gehört zu den wenigen absolut *stress- und angstfreien* Erregungen. Es kennt keinen *Leistungsdruck*, sondern reduziert ihn sogar.

Durch Streicheln steigt die Liebesbereitschaft, weil Streicheln die Ausschüttung von Endorphinen, körpereigenen „Glückshormonen", fördert; Streicheln reduziert Schmerzempfindlichkeit und Stresshormone und reguliert den Blutdruck.

Von Kaninchen wissen wir, dass Streicheln deren Neigung zur Arterienverkalkung drastisch senkt, Kinder macht es gesünder, ruhiger, belastbarer und sogar intelligenter, und Ratten entwickeln eine besonders hohe nervliche Belastbarkeit. Fazit: Hautkontakt ist unverzichtbar für die gesunde Entwicklung von Säugetieren.

Wer weiß: Vielleicht ist ja der Putzkult, der unter manchen Pferdeleuten herrscht, und um den in manchen Reitställen so viel Aufhebens gemacht wird, in Wirklichkeit das Ergebnis von Berührungsängsten. Oder gehen wir ruhig einen Schritt weiter: Dient die Hygiene dort vielleicht nur als Zwischenlager für (unerlaubte?) Gefühle. Aus der menschlichen Kulturgeschichte jedenfalls wissen wir, dass Hygiene-maßnahmen zu Zeiten als ‚sauberer' Vorwand für Selbstberührung herhalten mussten.

Putzen muss sein. Putzkult jedoch koppelt uns von unseren Gefühlen ab.

Geben ist seliger denn Nehmen

Streicheln ist *Begegnung und Wahrnehmung durch „Fühlen"*, erst außen auf der Haut, dann „innen" im Körper. Was wirklich bewegt, das geht „unter die Haut". Gewiss, wir kennen das (wenn wir uns trauen). Wir genießen es dann, unser Pferd zu streicheln, seine Wärme in unseren Händen zu spüren, die Weichheit seiner Nüstern zu fühlen, mit den Händen über sein Fell zu streichen. Aber auch diese Beziehung ist oft einseitig: Wir *nehmen* uns seine Wärme, seine Weichheit, wenn *wir* sie brauchen. Im besten Fall nimmt unser Pferd das hin. Denn was *geben* wir zurück? Leckerli. Das Pferd findet das soweit okay.

Wir sind gut im *Nehmen*, nicht jedoch im wirklichen *Geben*. Ja gut, Leckerli vielleicht. Aber das reicht nicht, um *wirklich* an ein

Pferd heranzukommen. Wer richtig streichelt, der gibt dem Pferd etwas anderes: ein gutes Gefühl. „Leg dein Herz in deine Hände!", hat Pat Parelli seine Schüler früher aufgefordert. *Wie* man das macht, hat er zwar nicht erläutert, aber es ist ganz simpel: Es kommt auf die *Einstellung* an.

Wenn Sie ein Pferd streicheln, *denken* Sie einfach, dass Sie ihm etwas *schenken* wollen. Vergessen Sie für einen Augenblick Möhren und Leckerchen und beginnen Sie mit *Hingabe* zu streicheln. Schenken Sie für einen Augenblick *sich selbst.* Alles Weitere kommt dann von allein. Ihr Pferd wird Sie ganz anders annehmen, und Sie werden wissen, wie weit Sie gehen können, oder wann Sie aufhören sollten.

Wer jemandem etwas schenken möchte, der tut gut daran, herauszufinden, was der andere *wirklich* mag. Streicheln ist eine wunderbare Chance zu erkunden, was Ihr Pferd mag – auch wo seine Lieblingsstellen sind. Machen Sie diese Stellen ausfindig, und streicheln Sie sie ausgiebig.

Streicheln kann aber auch anderes offenbaren. Miriam, eine junge Frau, die an einem Seminar teilnahm, beklagte sich, dass ihr Pferd sich *nicht* mehr streicheln lassen wolle. Miriam war bei der Erzählung den Tränen nah. Der Grund: Über ein Jahr lang hatte sie ihr Pferd während einer schweren Krankheit aufopferungsvoll gepflegt. Jetzt, da es wieder gesund war, entzog die Stute sich ihr.

Im Lauf des Gesprächs – und dann vollends nach dem Joining im Round Pen – wurde Miriam klar, dass sie ihr Pferd mit dem Streicheln belästigte: eine Form der Fesselung, die dem Pferd unangenehm war. Und dies nicht durch die Berührung als solche, sondern durch Miriams *Wünsche*, die sich dahinter verbargen: der Wunsch, geliebt zu werden und Dankbarkeit bezeugt zu bekommen. Als das Pferd tags darauf mit einem Fremden in den Round Pen ging, zeigte es sich völlig anders: Willig ließ es sich von Heinrich ausführlich streicheln.

Sie haben es gemerkt: Die richtige Begrüßung, Annäherung und gutes Streicheln sind schon eine Kunst für sich. Beides ist, mehr oder weniger ausführlich, immer Auftakt jeder Arbeit mit dem Pferd. Es ist aber auch ein eigenständiger Bestandteil des Beziehungs*aufbaus* und der Beziehungs*pflege*. Wann immer Sie (zu) wenig Zeit haben, Ihr Pferd zu satteln und zu reiten, dennoch aber mal für eine viertel Stunde im Stall vorbeischauen wollen – gehen Sie, üben Sie Annäherung und streicheln Sie Ihr Pferd auf diese Weise, und Sie werden Wundersames erleben.

Zeichen von Zuneigung: Christianes Streicheln wird von Sanjuscha mit Zuwendung beantwortet.

Joining perfekt – in zehn Schritten

Ein kompletter Handlungsleitfaden für ein erstes erfolgreiches Kommunikationstraining mit dem Pferd.
Warnung: Dieses Kapitel ist so einfach oder so kompliziert wie eine Anleitung zum Tanzen. Es beinhaltet allerdings nicht nur die wichtigsten Standardtanzschritte, sondern auch so manche Kapriole, die sich Ihr Tanzpartner ausdenkt, um Sie zu testen.

Wenn in diesem Kapitel Aktionen, Bewegungsformen und Körperpositionen beschrieben werden, sollten Sie nach dem Lesen kurz die Augen schließen und sich das beschriebene Verfahren möglichst plastisch vorstellen. Auf diese Weise können Sie sich ein präzises und klares Bild machen, das Sie später in der praktischen Anwendung abrufen können.

Anfänger und Unerfahrene sollten grundsätzlich nicht mit Hengsten im Round Pen trainieren, sondern diese Arbeit erfahrenen Fachleuten überlassen. Dasselbe gilt für die Arbeit mit Jungpferden oder mit durch Menschenhand extrem verdorbenen Pferden.

Die zehn Schritte zum Ziel

Ein Joining, wie wir es in unserem Basisseminar trainieren, umfasst grundsätzlich zehn Schritte, die ich im Folgenden beschreiben möchte.

1. *Beobachten*
2. *Begrüßung*
3. *Seilhalfter anlegen*
4. *Vier Respektfragen stellen*
5. *Aufforderung zur Arbeit*
6. *Einladung aussprechen*
7. *Das Joining: freiwilliger Anschluss*
8. *Zwischen den Augen streicheln*
9. *Folgen*
10. *Verabschiedung*

1. Schritt **Das Pferd beobachten**

Nehmen Sie Ihr Pferd eine Zeit lang genau wahr und informieren Sie sich über seinen Zustand.

Als Erstes führen Sie das Pferd in den Round Pen und entfernen sich wieder. Lassen Sie es eine Zeit lang allein, damit es sich zunächst an die eventuell ungewohnte Umgebung gewöhnt. Beobachten Sie das Pferd ein paar Minuten aus der Ferne, ohne dass es Sie wahrnimmt. Sucht es mit der Nase Riechspuren eines Artgenossen? Legt es sich hin, um sich zu wälzen? Beginnt es zu dösen? Oder tobt es herum? Versucht es gar, aus dem Round Pen herauszukommen?

Die Beobachtung seines Verhaltens gibt Ihnen einen ersten Aufschluss über den Zustand Ihres Pferdes. Wenn es buckelt und springt, dann steckt möglicherweise einfach noch zu viel Energie in ihm. Warten Sie ab, bis es sich ausgetobt hat. Möglicherweise ist es aber auch die Energie der Round-Pen-Begrenzung, die das Pferd unsicher macht. Warten Sie auch in diesem Fall ab, bis es sich beruhigt hat. Dies dauert mit Sicherheit höchstens 15 Minuten.

Sollte das Pferd (was ganz selten vorkommt) versuchen, den Round Pen zu verlassen, müssen Sie zur Beobachtung entweder am Zaun stehen bleiben oder erst einmal zu Schritt zwei übergehen. Oder aber, Sie nehmen es, wenn es trotz Ihrer Anwesenheit im Round Pen immer noch zu entkommen versucht, zunächst ans

Seil. Das heißt, Sie reduzieren die relative Freiheit im Round Pen durch Seil und Halfter auf ein geringeres Maß. Dieses Pferd hat entweder schon diverse erfolgreiche Ausbruchsversuche hinter sich oder es fühlt sich im Round Pen verlassen und sucht Anschluss an seine Weidegefährten (oder einen Menschen). Es kann aber auch sein, dass es bereits die bevorstehenden Forderungen spürt und sich ihnen entziehen will.

In Sichtweite bleiben

Von mehr als tausend Pferden ist bislang nur eines aus meinem (in diesem Fall etwa 1,30 m hohen) Round Pen *gesprungen*, ehe ich selbst überhaupt drin war – ein Springpferd. Da der Round Pen in einer Halle aufgebaut war, konnte der Bursche nicht vollends entkommen und gleich wieder in den Round Pen zurückgebracht werden. Ob es sich überhaupt um einen ‚echten' Ausbruchsversuch gehandelt hat, mag bezweifelt werden, da das Pferd während der Arbeit keinerlei Anstalten machte, den Arbeitsplatz mit einem Hüpfer zu verlassen. Wahrscheinlich hatte es nur einen kleinen Aufwärmsprung im Sinn.

Offener oder geschlossener Round Pen? Diese amerikanische Rand-Konstruktion lässt dem Pferd genügend Ausblick.

Diese Konstruktion mit deutlich engeren Zwischenräumen zwischen den Querbalken kann für von Natur aus platzängstliche Pferde ein Problem werden.

Drei Pferde haben die Begrenzung durchbrochen, eines davon ein notorischer Ausbrecher, dem kein Weidezaun bislang stabil oder hoch genug war; das andere, weil es von dem Menschen im Round Pen ungeschickterweise mit zu viel Energie in die falsche Richtung ‚gedrückt' worden war – nämlich gegen den Zaun.

Zurück zum Normalfall: Platzieren Sie sich auf jeden Fall so, dass Sie das Pferd sehen können (das Pferd hingegen muss *Sie* nicht sehen können), allerdings ohne es zu belauern, denn das wiederum könnte sein Verhalten ungewünscht beeinflussen. Beobachten Sie, indem Sie einfach nur wahrnehmen. Wenn es anfängt zu dösen, dann wissen Sie: Es fühlt sich an diesem Platz *ziemlich* sicher. Wälzt es sich gar, dann fühlt es sich *völlig* sicher, denn kein Pferd würde auch nur einen seiner Hufe vom Boden nehmen (sich fluchtunfähig machen) und dazu noch seinen Bauch ungeschützt einem möglichen Raubtierangriff preisgeben, wenn es sich an diesem Ort unsicher fühlte.

Beobachten Sie auch die klein(er)en Bewegungen Ihres Pferdes: In welche Richtung läuft es bevorzugt? Hebt es seinen Kopf *über* den Zaun oder streckt es ihn lieber *durch* den Zaun? Zuckt seine Haut? Kratzt es sich ungewöhnlich oft am Körper? Wiehert es viel? Wie bewegt es sich dabei im Schritt, Trab oder Galopp? Geht es im Handgalopp oder im Außen- oder gar Kreuzgalopp? Denken Sie über die Bedeutung Ihrer Beobachtungen nach, versuchen Sie, sie zu deuten. Ich werde Ihnen später Interpretationshilfen geben.

Wenn Sie das Pferd in den Round Pen führen und sofort mit der Arbeit beginnen, dann

- *wird das Pferd irritiert,*
- *fehlt Ihnen die Einstimmung,*
- *fehlen Ihnen wesentliche Informationen über den Zustand des Pferdes.*

Vorsicht bei jungen Pferden!

Wenn Sie einen – wie bei den Amerikanern und auch in vielen deutschen Westernställen üblich – komplett geschlossenen Round Pen benutzen, lassen Sie das Pferd die ersten Male besser nicht allein dort drin. Ich weiß seit zehn Jahren, warum.

Damals hatte ich das Vergnügen, Büro und Pferde auf einem Gestüt untergebracht zu haben, so dass ich auch während der Arbeit immer mal zu meinen Pferden gehen konnte. Ich besaß zu dieser Zeit einen sechs Monate alten Absetzer aus einer amerikanischen Paint-Horse-Stute und einem Quarter-Horse-Hengst: Zan's Buck On Tour, meinen heutigen Wallach, den viele aus meinen Demonstrationen kennen.

Eines Tages beschloss ich, die Mittagspause für ein kurzes Führtraining im Round Pen zu nutzen. Kaum hatte ich das Hengstchen in den über zwei Meter hohen Round Pen gebracht und das schwere Tor geschlossen, rief mich eine Mitarbeiterin ins Büro ans Telefon. Ohne nachzudenken schob ich mich schnell durch das Tor. Mein Hengstchen wähnte ich in dem großen Holzkessel mit seinen hohen, geschlossenen Wänden für den Moment sicher.

Denkste! Ich war keine zwanzig Meter weit gekommen, da hörte ich ein kurzes, lautes Donnern, und ehe ich mich versah, stand mein Pferdchen neben mir. Ich musste zweimal hinschauen, um nicht an eine Fata Morgana zu glauben: Der kleine Kerl von vielleicht gut einem Meter Fohlenstockmaß hatte die Zwei-Meter-Wand offensichtlich fast ohne Anlauf und glücklicherweise mit nur einer kleinen Hautabschürfung am linken Röhrbein genommen.

Unterschätzen Sie also niemals die Kraft und die Fähigkeiten eines Pferdes!

2. Schritt **Gegenseitige Begrüßung**

Streicheln Sie Ihr Pferd ausführlich, zuerst mit den Händen, dann mit dem Seil. Lassen Sie „Ihr Herz durch Ihre Hände fließen".

Nun betreten Sie den Round Pen. Seilhalfter und Sieben-Meter-Seil (alternativ: Longierleine) halten Sie in der Hand. In der Regel wird das Pferd auf Sie zukommen, wenn es einige Zeit allein im Round Pen verbracht hat. Streicheln Sie es ausführlich, ohne ihm dabei in die Augen zu schauen, denn der Blick des Menschen stellt für das Pferd eine starke Energie dar.

Wenn Sie ein Pferd haben, von dem Sie wissen, dass es Menschen bisweilen gern auf die Füße tritt, schon mal rempelt oder zu Schreckhaftigkeit neigt – oder einen zum Übermut tendierenden Youngster –, so streicheln Sie es am Zaun nur kurz und freundlich und

Streicheln Sie Ihr Pferd, ohne ihm dabei in die Augen zu schauen – zunächst mit den Händen und dann mit dem Seil.

gehen dann schnurstracks in die Mitte der Arena. Dort können Sie mit dem Begrüßungsritual fortfahren und im Ernstfall ausweichen, ohne gegen den Zaun gedrückt zu werden.

Streicheln Sie das Pferd nun *überall* ausführlich – zuerst mit Ihren Händen, dann mit dem Seil. Das Seil sollte für das Pferd nichts anderes bedeuten als Ihr verlängerter Arm oder Ihre schnellen Beine, wenn Sie später damit selbst aus fünf oder sechs Metern Entfernung an Ihr Pferd heranreichen, um es zu berühren, auch wenn es flott (davon-)läuft. Das Seil sollte als Teil des Menschen identifiziert werden, als ein *Teil seiner Energie:* angenehm oder unangenehm – je nachdem.

Kein Interesse?

Bisweilen kommt es freilich gar nicht erst zur Begrüßung: Sollte Ihr Pferd, wenn Sie den Round Pen betreten, weit entfernt stehen bleiben, so gehen Sie einfach auf Ihren Platz – möglichst desinteressiert, auf jeden Fall ohne das Pferd anzuschauen. Stellen Sie sich dort so hin, dass Sie dem Pferd eine Schulterseite zuwenden; schauen Sie irgendwohin: auf den Boden, auf Ihr Seil, das Halfter, die gegenüberliegende Wand – nur nicht zu Ihrem Pferd.

Kontrollieren Sie Ihre Gedanken! Lassen Sie keine Spannung in sich aufkommen, indem Sie denken: „Der blöde Bock, warum kommt er denn nicht?“ Oder: „Was mach' ich jetzt bloß?“ Oder (ganz beliebt): „Der will mich ja bloß verar...“ Glauben Sie mir: Ihr Pferd ‚liest' Ihre Gefühle in diesem Augenblick (vielleicht noch konzentrierter als Sie jetzt gerade dieses Buch ...), und es richtet sich danach. Es spürt Ihre Anspannung.

Frage: Würden Sie zu jemandem hingehen, von dem deutlich Spannung ausgeht, Unsicherheit oder gar Ärger? Sicher nicht. Ihrem Pferd geht's da nicht anders. Denken Sie also an nichts (Wichtiges), fummeln Sie einfach am Seil, singen oder pfeifen Sie ein Liedchen; und wenn Sie sich nicht für musikalisch halten, dann gähnen Sie einfach aus voller Brust und warten ab. Achtung: Dabei aber nicht wohlerzogen die Hand vor den Mund nehmen. Nein, lassen Sie so viel Luft raus wie nur möglich. Okay? Jetzt ist das Pferd vermutlich bei Ihnen.

Beliebtes Spielchen

Möglicherweise nähert es sich Ihnen auch nur und beginnt dann ein Experiment: Wie nah muss ich an dir vorbeigehen, damit du ausweichst? Bleiben Sie in diesem Fall stehen und tun Sie so als wäre nichts. Sollte Ihr Pferd Sie tatsächlich anrempeln, gehen Sie zu Schritt 5 über, das heißt: Schicken Sie es weg. Möglicherweise

bleibt es aber auch hinter Ihnen stehen oder zwei Meter entfernt. Drehen Sie sich dann um und gehen Sie die paar Schritte auf Ihr Pferd zu. Tun Sie das (je nach vermuteter Empfindlichkeit oder Distanziertheit Ihres Pferdes) seitwärts schräg, sodass Sie quasi mit einer Schulter Richtung Pferd schieben, wiederum ohne es anzuschauen, und wenn doch, dann mit einem strahlenden Lächeln im Gesicht.

Sehr selten kann es aber auch geschehen, dass Ihr Pferd bereits bei Ihrem Anblick flieht und keinerlei Anstalten macht, Sie in seine Nähe zu lassen. In diesem Fall fangen Sie an, den *Raum* innerhalb des Round Pen zu beanspruchen. Bewegen Sie sich dazu bewusst durch den Round Pen, anfangs locker, später durchaus forschen Schritts. Gehen Sie jedoch zunächst nicht direkt auf den jeweiligen Standort des Pferdes zu, sondern in *geraden Linien* (also nicht in Bögen) mal hierhin und mal dorthin und immer bis zum Zaun. Kreuzen Sie munter durch den Round Pen, achten Sie dabei aber auf die Bewegungen des Pferdes. Es wird sich bewegen. Bleibt es

Wenn Ihr Pferd kein Interesse an Ihnen zeigt, dann gehen Sie nicht zu ihm hin. Camilla wendet sich zwar von Nizsara ab, aber sie schaut dennoch zu der Stute hin. Falsch. Gähnen ist dagegen immer gut, wenn ein Pferd davonläuft.

Nizsara hat sich eines Besseren belehren lassen und sich Camilla angeschlossen. Ihr ärgerlich wehender Schweif zeigt jedoch, dass es ihr nicht so recht ist.

stehen und wendet sich Ihnen zu, dann bleiben auch Sie stehen und warten. Schauen Sie nicht direkt zu ihm hin. Wendet es sich von Ihnen ab, gehen Sie wieder los.

Sollten Sie zu keinem Ergebnis kommen – das Pferd bleibt auf Abstand zu Ihnen –, dann erhöhen Sie den *Druck,* indem Sie nun forsch mit dem Seil in der Hand auf das Pferd zugehen und seinen *Standort erobern.* Wenn nötig, verscheuchen Sie es mit Hilfe des Seils. Hat es seinen Standort verlassen, stellen Sie sich für einen kurzen Augenblick an diese Stelle. Achten Sie wiederum auf seine Bewegungen und darauf, ob es Sie anschaut. Es wird nicht lange dauern, und das Pferd sucht Ihre Nähe. Es kommt zu Ihnen.

Im Grunde handelt es sich in diesem (eher seltenen) Fall bereits um ein *Joining,* denn das Pferd hat sich Ihnen angeschlossen. Je nach Dauer des Unterfangens hören Sie für diesen Tag am besten auf, indem Sie das Pferd – wie oben beschrieben – ausführlich streicheln und es dann wieder auf die Koppel entlassen. Es spricht jedoch auch nichts dagegen, nach der nun möglichen Begrüßung mit Schritt 3 des Joinings weiterzumachen.

Nebenbei: Dies ist auch *auf der Weide* das Verfahren der Wahl, wenn sich Ihr Pferd nicht gerne einfangen lässt. Zwar hängt es von der Größe der Weide ab, wie lange das Ganze dauert. Lassen Sie sich aber dennoch nicht von einem Versuch abhalten, falls es Ihnen einmal passiert.

3. Schritt **Seilhalfter anlegen**

Ziehen Sie dem Pferd im Round Pen seinen „Trainingsanzug“ an – das Seilhalfter.

Als Nächstes wird dem Pferd im Round Pen ein Seilhalfter angelegt. Das Halfter wird bei diesem Trainingsschritt zwar nur im Ausnahmefall wirklich gebraucht – dann nämlich, wenn Ihr Pferd den unwiderstehlichen Drang verspürt, den Round Pen zu verlassen –, aber es erfüllt eine wichtige Funktion: Das Pferd soll das Anlegen des Seilhalfters in Zukunft als Aufforderung zum Training wahrnehmen. Warum es das kann? Als „hoch spezialisiertes Fluchttier der Grassteppe“ hängt das Überleben der Spezies Pferd wesentlich davon ab, dass es kleinste Veränderungen in seiner Lebensumwelt blitzschnell wahrnehmen und darauf reagieren kann.

Diese Tatsache hat schon so manchem Reiter einen gehörigen Schrecken eingejagt, wenn sein Pferd sich plötzlich weigerte, eine Stelle zu passieren, an der es seit Jahren problemlos vorbeigegangen ist. Einzige Veränderung: Wo seit jeher vielleicht die gewohnte graue Mülltonne gestanden hat, parkt nun möglicherweise eine neue grüne Schubkarre. Grund genug für das Fluchttier Pferd, je nach Temperament kurz innezuhalten und die Karre leicht schnorchelnd im gehörigen Bogen zu umrunden oder mit straff nach vorn gerichteten Ohren alle Viere in den Boden zu stemmen, ohne auch nur einen Schritt weitergehen zu wollen. Oder, noch schlimmer, mit einer rasanten Hinterhandwendung das Weite zu suchen.

Zan wartet auf das Seilhalfter. Seine Ohrstellung signalisiert freilich etwas Frust. Kein Wunder: Als mein Partner hat er das Joining schon Tausenden von Menschen gezeigt.

So soll das Halfter am Pferdekopf sitzen

Trainingsanzug und Schlafanzug

Ich nenne das Seilhalfter den „Trainingsanzug" des Pferdes, im Unterschied zum Stallhalfter, dem „Schlafanzug". Wir möchten erreichen, dass das Pferd im Lauf der Zeit allein durch den Halfterwechsel eine *andere Einstellung* bekommt: Es soll sich von Freizeit auf „Job" oder Training umstellen. Im Grunde handelt es dabei um nichts anderes als um einen „bedingten Reflex", um ein gesichertes Lernergebnis also, über das im Einzelfall nicht mehr nachgedacht (oder gar diskutiert) werden muss, sondern das reflexartig abläuft, wenn der entsprechende Reiz gesetzt wird.

Der Reiz ist in diesem Fall das Anlegen des Seilhalfters, der Reflex die Arbeitshaltung des Pferdes. Das Antrainieren von Reflexen erleichtert die Arbeit ungemein, weil nicht jedes Mal bei Null angefangen werden muss.

1. Führen Sie das lange Seilende des Halfters von hinten nach vorne durch die Öse und legen Sie das Ende nach rechts.

2. Führen Sie das Seilende in Form eines D hinter der Halfteröse von rechts nach links.

3. Ziehen Sie das Seilende von vorn nach hinten durch das D hindurch.

4. So soll der fertige Knoten am Halfter aussehen.

4. Schritt: **Die vier Respektfragen stellen**

- *das Pferd folgen lassen,*
- *Vorhandweichen,*
- *Hinterhandweichen,*
- *Rückwärtsweichen.*

Wenn Sie dem Pferd das Seilhalfter angelegt haben, sollten Sie ihm die vier Respektfragen stellen: Erstens sollte es Ihnen *folgen*, wenn Sie weggehen, und sollte zweitens seitlich ausweichen, wenn Sie auf seine *Vorhand* oder drittens auf seine *Hinterhand* zugehen. Und es sollte viertens *rückwärts* ausweichen, wenn Sie von vorn auf das Pferd zugehen.

Ich habe diese Respektfragen – deutlich von Monty Roberts' Join up abweichend – in mein Joining-Verfahren aufgenommen. Der Grund: Monty Roberts schickt sein Pferd schon weg, kurz nachdem es den Round Pen betreten hat. Aus der Sicht des Pferdes macht das nicht viel Sinn, außer dem einen: dass es jeglichen Bewegungsaufforderungen des Menschen nachzukommen hat. Das ist so weit vielleicht in Ordnung. Dennoch meine ich, dass wir Menschen einerseits dem Pferd jede Arbeit *so leicht wie möglich* machen und andererseits jegliche Forderung – wo immer möglich – *begründen* sollten. Ein Pferd wegzuschicken und es zu bewegen, weil es dem Menschen Respekt verweigert hat, ist jedenfalls ein guter Grund.

Ein zweiter Grund: Der Schritt „Respektfragen" diszipliniert den Menschen. Es macht nicht viel Sinn, ein Joining oder Join up oder sonstwas mit einem Pferd zu machen, das Ihnen in dieser Weise bereits seinen Respekt zollt. Für andere Zielsetzungen, z.B. für die Vorbereitung eines jungen Pferdes auf das Anreiten und für weitergehende Aufgaben können Sie – trotz respektabler Antworten des Pferdes – dennoch mit dem Joining fortfahren.

Keine bestimmte Reihenfolge

Die Reihenfolge Ihres Vorgehens steht nicht fest. Welche Aktion einfacher oder effizienter ist, das müssen Sie bei jedem Pferd selbst feststellen. Grundsätzlich gilt jedoch: Die *Vorhand* weichen zu lassen, ist eher schwer, weil Pferde die meisten ihrer alltäglichen Rangordnungsauseinandersetzungen untereinander über die Vorhand abwickeln: In achtzig Prozent aller Fälle weicht das rangniedrigere Pferd auf das entsprechende Signal des Ranghöheren mit seiner Vorhand aus. Obwohl die *Hinterhand* des Pferdes von Menschen so gefürchtet ist, gehört das Hinterhandweichenlassen eher zu den einfacheren Übungen, zumindest so lange das Pferd den Menschen mit einer gewissen Biegung seines Körpers (um die Längsachse) anguckt. Dann führt nämlich schon das Geraderichten unter Umständen zur Ausweichbewegung der Hinterhand.

Die *Folgsamkeit* zu Beginn der Round-Pen-Arbeit gehört ebenfalls zu den ‚leichten' Respektfragen. Die meisten Pferde folgen Menschen ohne Arg ein kurzes Stück, ganz einfach weil sie es so gewohnt sind und vielleicht auf einen Leckerbissen hoffen. Anders sieht es mit dieser Art Folgsamkeit aus, wenn der Mensch Forderungen (ge)stellt (hat). Dann ist Schluss mit lustig, und Freund Pferd sucht lieber das Weite.

In diesem Punkt irren viele Pferdebesitzer. „Mein Pferd folgt mir doch auch so", erklärt uns mancher Anrufer, wenn er sich telefonisch nach den Inhalten unserer Seminare erkundigt. „Auch, wenn Sie zuvor einiges von ihm verlangt haben?" Nach dieser Frage herrscht kurzes Schweigen am Ende der Leitung, bevor der Anrufer – schon mit merklich leiserer Stimme – einräumt, dass er die Sache von dieser Seite eigentlich noch nicht betrachtet habe.

Meist folgen Pferde ihren Menschen anfangs ein gutes Stück – weil sie gewohnt sind, gefüttert zu werden oder zumindest einen Leckerbissen zu ergattern.

Achtung, Hengst!

Dass Pferde vor Menschen respektvoll *rückwärts* weichen, kommt nicht so oft vor. Eher, so lehrt sie ihre Erfahrung, weicht der Mensch vor ihnen aus. Bei *Hengsten* sollte man auf keinen Fall von vornherein das Rückwärtsweichen verlangen. Rückwärtsweichen stellt für Hengste ein starkes Dominanzsignal dar. Sie gehen bekanntlich in Konfrontationsstellung zueinander, wenn es um ihre Rangordnung geht. Deshalb sollte man Hengste aus Respektgründen wirklich nur rückwärts weichen lassen, wenn man im Umgang mit Pferden sehr erfahren ist, und selbst dann stellt es noch ein gewisses Risiko dar.

Einmal sollte ich am Ende eines Seminars ein Joining mit einem der Deckhengste des Stallbesitzers machen. Der Hengst galt als gefährlich für Menschen, sobald eine Stute in seinen Dunstkreis geriet. Doch selbst in stutenfreien Zonen wurde das wunderschöne großrahmige Pferd nur mit einer starken Hengstkette über der Nase geführt.

Die Boxen dieser Anlage waren alle um die Reitbahn gruppiert. Die Box unseres Kandidaten befand sich erwartungsgemäß am Ende der Boxenreihe, abgeschottet in der Ecke der Halle, weit genug von den anderen Artgenossen entfernt. Zwischen Box und Reitbahntür lagen etwa 35 Meter. Der Hengsthalter brauchte rund eine Viertelstunde dazu, *sein Pferd* an den anderen Boxen vorbei in die Reitbahn mit dem Round Pen zu führen. Kein Wunder: Immer wieder zog der Mann den Kopf des Hengstes mit Hilfe der Kette tief nach unten und richtete ihn ein paar Schritte rückwärts, wenn er zu wiehern begann, um seinen Hengstanspruch zu demonstrieren.

Testosteron gegen Testosteron

Als nach dieser Variante der „Echternacher Springprozession“ beide endlich den Round Pen erreicht hatten, wollte ich mit der Begrüßungszeremonie beginnen. Keine Chance: Verächtlich (aber artgemäß!) ließ mich der Hengst stehen, um mit seiner Nase den Round-Pen-Boden abzuschnorcheln. Wer hatte sich zuvor in seinem Reich aufgehalten? Das Seilhalfter ließ er sich erst gar nicht anlegen.

Das Joining verlief unspektakulär, so dass ich den Anfang aufs Ende verlegte: das Überstreifen des Seilhalfters und die restlichen drei Respektfragen (gefolgt war mir das Pferd nach knapp fünfzehn Minuten). Das Vorhandweichen gelang problemlos, das Hinterhandweichen sogar exzellent. Wann immer der Hengst nach einer Stute wieherte oder mit der Nase Düfte vom Boden aufnehmen wollte, reichte ein kurzer Blick auf die Hinterhand, um ihn zu einer Drehung in meine Richtung zu bewegen und so wieder aufmerksam zu machen.

Das Rückwärtsrichten hatte ich wohl intuitiv ‚vergessen'. Die Folgsamkeit des Hengstes und seine sonstigen Respektbezeugungen schienen mir ausreichend, um unser zuvor formuliertes Ziel zu erreichen: den Hengst am langen Strick, ohne Führkette, an den Boxen vorbei zurück in seine Behausung zu führen, inklusive einiger geplanter kurzer Zwischenstopps in unmittelbarer Nähe seiner Stuten.

Als die Zeit gekommen war, öffnete ich den Round Pen und verließ ihn, den Hengst in knapp zwei Metern Entfernung am etwa vier Meter langen Führstrick hinter mir. Die ersten dreißig Meter bis zur offenen, rund 1,20 Meter hohen Reitbahntür verliefen problemlos. Kurz bevor wir die Arena Richtung Boxenstraße verlassen wollten, baute sich der Hengst beim Anblick der ersten Stute jedoch in all seiner Pracht auf, bog imponierend den Hals, stellte den Schweif auf und begann unruhig fordernd zu piaffieren.

Unwillkürlich reagierte ich – mit einem harten Ruck am Seil. Mit einem scharfen Blick forderte ich den Hengst auf, rückwärts zu weichen. Leider der falsche Weg, und daher ohne Erfolg. Denn statt zu wei-chen stellte sich das Tier auf seine Hinterbeine und bedeutete mir unmissverständlich: „Hier draußen bin ich der Boss. Das ist *mein* Reich."

Weniger ist mehr

Glücklicherweise folgte meiner ersten Spontanhandlung jetzt die Einsicht: „Lass dich nur nicht auf einen Kampf ein." Und: „Setz da an, wo du im Round Pen aufgehört hast." Also beließ ich es bei einigen deutlichen Rucken auf die Nase des hoch vor mir erhobenen Hengstes, um ihm wenigstens mitzuteilen, dass ich ihm selbst in dieser aufrechten Stellung, wenn's sein musste, von oben noch „ein paar auf die Nase geben" konnte, und ließ ihn wieder auf alle Viere kommen.

Beim nächsten Imponierakt seinerseits schickte ich stattdessen wieder, wie zuvor schon im Round Pen, seine Hinterhand weg. Drei- oder viermal, das reichte: Der Hengst beruhigte sich sichtbar. Ich gestattete ihm daraufhin, sich seine Stuten aus gebührender Entfernung anzuschauen. Dann brachen wir zum Heimweg auf. Völlig gelassen, mit entspanntem Hals folgte mir der Hengst bis zur Box, inklusive der geplanten Zwischenstopps, ließ sich dort das Halfter abnehmen und ließ sogar ein kurzes Streicheln zu. Der Stallbesitzer und sein Partner räumten danach ein, als erfahrene

Pferdeleute, Hengsthalter und Turnierreiter meiner Methode gegenüber anfangs „äußerst skeptisch“ gewesen zu sein. Doch am Ende bekannten beide: „Hut ab! Wir sind begeistert.“

Das Beispiel zeigt: Manchmal reicht eine Respektbewegung, die gut ‚sitzt‘, um das Pferd folgsam zu machen. Wieder gilt der Grundsatz: Alles, was wir erreichen wollen, sollten wir dem Pferd *so leicht wie möglich* machen und nur *so schwer wie nötig*. Das Hinterhandweichen fiel diesem Hengst leicht, es war – verbunden mit dem Folgen – der Schlüssel zu seinem Respekt.

Kleiner Techniküberblick

Im Round Pen stellen Sie die vier Respektfragen auf einfache Art. Gehen Sie aus jeweils etwa zwei Meter Abstand mit hoch aufgerichtetem Körper von der Seite im rechten Winkel auf das Pferd zu – genauer auf *den* Körperteil, den Sie bewegen wollen. Wenn Sie die *Vorhand* bewegen wollen, heben Sie Ihre Hand bis etwa auf Nasenhöhe des Pferdes und tun Sie so als wollten Sie das Pferd mit Wasser nassspritzen. Die andere Hand ‚pumpt‘ gegen den Pferdehals. Bei der *Hinterhandbewegung* schauen Sie zunächst scharf auf die Ihnen zugewandte Hinterhand*seite*. Reicht das nicht aus, dann heben Sie Ihre Seilhand und schwenken Ihr Seil ein wenig Richtung Hinterhandseite.

Weicht das Pferd mit Vor- und Hinterhand *jeweils* ein paar Schritte in gerader Linie oder im schönen Bogen gar seitwärts, dann ist es okay. Achten Sie aber darauf, dass der Ihnen zugewandte Huf des Pferdes *vor* den jeweils äußeren tritt. Huft das Pferd dahinter auf, so entzieht es sich Ihnen. Huft das Pferd zwar davor auf, läuft aber weiter vorwärts statt seitwärts oder im Bogen, dann geht es auf die Flucht vor Ihnen (immer vorausgesetzt, Sie sind genau im rechten Winkel auf das Pferd zugegangen).

Bei der Frage nach der *Folgsamkeit* des Pferdes können Sie auf den ersten Blick am wenigsten falsch urteilen. Hier brauchen Sie nur vom Pferd *nach schräg vorne* links oder rechts wegzugehen. Folgt es Ihnen, dann ist alles okay. Bleibt es stehen, dann verweigert es die Gefolgschaft. Gehen Sie dabei jedoch *nicht* schnurgeradeaus. Denn dann befinden Sie sich in einem toten Blickwinkel des Pferdes. Gehen Sie stattdessen in einem ca. 45-Grad-Winkel vom Pferd fort.

Wenn Sie von vorn auf das Pferd zugehen, um es zum *Rückwärtstreten* zu animieren, sollten Sie aus demselben Grund ein wenig die Arme ausbreiten und beide Hände mit entsprechender Energie so bewegen, als wollten Sie jemanden nach rückwärts winken.

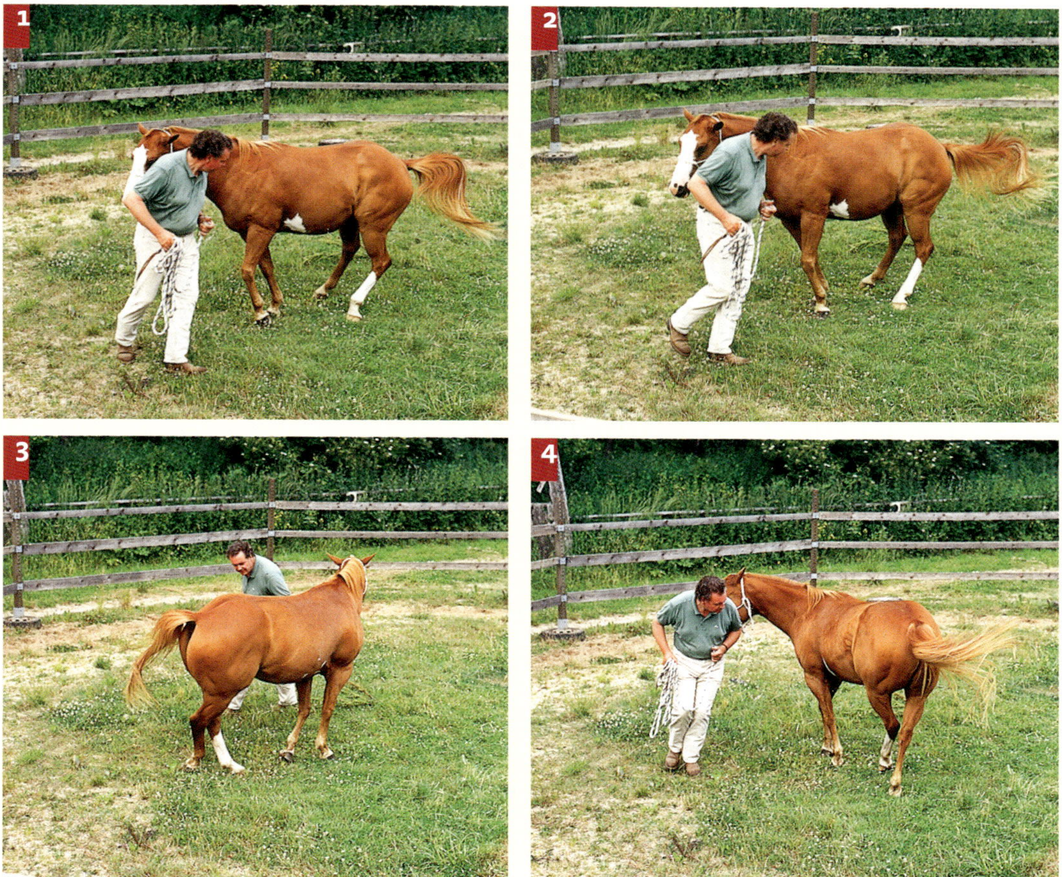

Diese Bildserie zeigt eine weiterentwickelte Vorgehensweise, um die Hinterhand des Pferdes zu bewegen. Mit dem „unsichtbaren Faden“ ziehe ich den Kopf von Zan, gleichzeitig schaue ich konzentriert auf seine Hinterhand und bewege mich im Bogen auf sie zu. Deutlich tritt das innere, weiße Hinterbein unter und vor das äußere Bein.

Die Totalverweigerung sieht bei allen vier Respektfragen gleich aus: Das Pferd bewegt sich nicht, sondern steht wie eine Statue und lässt Sie gar auflaufen (bei der Vorhand nimmt es vielleicht den Kopf hoch und lässt Sie unten drunter durch ins Leere laufen). Versuchen Sie es in diesen Fällen noch einmal, nehmen Sie aber das Seil zu Hilfe: Schwenken Sie es und wedeln Sie damit. Wenn sich vonseiten des Pferdes gar nichts tut, ist es Zeit für Schritt fünf.

Was, wenn das Pferd jedoch allen Bewegungsaufforderungen willig folgt? Dann freuen Sie sich erst einmal. Möglicherweise können Sie die Arbeit an diesem Punkt auch abbrechen, denn immerhin hat Ihr Pferd Ihnen allen Respekt bezeugt, und darauf kommt es schließlich an.

Nach jeder Respektfrage wird das Pferd kurz gestreichelt (links). Im Bild rechts leite ich das Weichen der Hinterhand ein. Das untere Bild zeigt, in welchem Winkel Sie vom Pferd weggehen sollten, um es zum Folgen zu veranlassen.

Aber Sie möchten ja das *Joining* üben, und es fehlen Ihnen noch die nächsten Trainingsschritte. Dennoch: Ihr Pferd weiß nicht, dass Sie gerade dabei sind, zu lernen. Für das Pferd ist es ernst. Also wägen Sie ab und nehmen Sie unter Umständen ein anderes Pferd für das weitere Training.

Sie können aber auch einen legitimen Trick anwenden. Sie fragen einfach, ob Ihr Pferd *besonders* folgsam ist: Ob es besonders *schnell* folgt und ausweicht. In diesem Fall fragen Sie einfach alles schneller ab und verlangen mehr. Traben Sie voraus. Folgt das Pferd ebenfalls im Trab? Lassen Sie Vor- und Hinterhand schneller und länger weichen – bis zu 360 Grad. Wie weit weicht Ihr Pferd rückwärts? Sollte Ihr Pferd auch all diese Anforderungen erfüllen, braucht es mit Sicherheit kein Joining mehr. Verweigert es den Respekt auf eine der Fragen, dann gehen Sie jetzt zu Schritt fünf über.

*5. Schritt: **Aufforderung zur Arbeit***

- *Schicken Sie das Pferd mit Energie weg auf den Hufschlag.*
- *Drei Formen der Versammlung: denken, entscheiden, handeln.*
- *Die Energie stufenweise verstärken: vom Feinen zum Groben. Oder die Energie stufenweise verringern: vom Groben zum Feinen.*
- *Fünf Energiestufen: denken, atmen, heben, werfen, schleudern.*
- *Die richtige Seilführung.*
- *Optimale Körperposition.*
- *Präzise Ziele.*
- *Kleine Ziele.*
- *Die Basisarbeit: Alle drei Gangarten fordern.*
- *Lob des Fehlers.*
- *Richtungswechsel.*

Den richtigen Körpterteil wegschicken

Egal, ob Ihr Pferd eine der Respektfragen unbeantwortet gelassen hat, ob es sich zuvor weigerte, sich das Seilhalfter anlegen zu lassen, oder ob es sich bereits zu Beginn Ihrer Begrüßung im Round Pen entzogen hat – die Antwort auf alle diese Verhaltensweisen lautet: Schicken Sie Ihr Pferd weg!

Der Grundsatz dabei lautet: Immer *den* Körperteil wegschicken, der Ihnen in der jeweiligen Situation am nächsten ist. Dreht sich das Pferd zum Beispiel bei der Begrüßung von Ihnen weg und zeigt Ihnen sein Hinterteil, dann schicken Sie die Hinterhand weg; bleibt es bei der Aufforderung, rückwärts zu weichen, stehen „wie eine Eins“, richten Sie Ihre gesamte Energie mit Blick, Händen und Seil auf den vorderen Teil des Pferdes, auf dass es davonlaufe. Möglicherweise hat sich Ihr Pferd aber auch nur ein wenig von Ihnen abgewandt, sodass es Ihnen die Schulter zeigt. Dann ist diese Schulter das Ziel Ihres Energieeinsatzes.

Machen Sie nicht den Fehler (wie so viele Menschen) zu glauben, ein Pferd sei nur dadurch zu bewegen, dass man seine Hinterhand von hinten forttreibt. Denn dann würden Sie unter Umständen eine große Kurve um Ihr Pferd herumlaufen müssen, ehe Sie etwas erreichen. Und Sie wissen doch: Der Ranghöhere bewegt

Das 7-Meter-Seil, wie ich es benutze, hat an seinem vorderen Ende einen abnehmbaren Ring mit Haken und Verbindungskettenglied. Am hinteren Ende befindet sich ein verspleißter Lederpopper zur besseren Balance des Seils und zum feinen Energieeinsatz.

sich weniger. (Manche Pferde drehen dabei auf der Vorhand nämlich so mit, dass *Sie* Ihr Ziel nie erreichen!) Nein, richten Sie Ihre gesamte Energie auf *den* Körperteil des Pferdes, der Ihnen am nächsten ist.
Doch woher nehmen Sie die Energie? Aus Ihrem *Geist*, Ihrem *Gefühl*, Ihrem *Körper* und aus dem *Seil*. Das kommt Ihnen schleierhaft vor? Nicht, wenn Sie es genau überlegen. Denn: zuerst müssen Sie immer etwas *denken*, bevor Sie etwas *tun*.

In diesem Fall könnten Sie denken: „Das Pferd hat mir den Respekt oder die Begrüßung verweigert, dann soll es jetzt laufen." *Führen* heißt nämlich immer: eine *Wirkung* erzielen. Und Rangordnungsfragen werden vor allem darüber geklärt, *wer wen bewegt*. Denken allein reicht jedoch nicht, denn dann säßen an den Machthebeln der Welt überall Philosophen. Sie müssen auch *wollen*, was Sie denken. Wenn Sie sagen würden: „Das arme Pferd tut mir doch so Leid", dann würde mit Sicherheit nichts aus der Bewegung. Ebenso wenig wird etwas draus, wenn Sie fürchten, dass es Sie beißt oder Sie beim nächsten Reiten aus Rache abbuckelt. Haben Sie sich jedoch *entschieden*, dann werden Sie ‚automatisch' auch etwas tun. Und was sollen Sie tun, damit das Pferd sich wegbewegt, Richtung Hufschlag? Alles, was ihm zeigt, dass Sie es ernst meinen: sich aufplustern, die Arme heben, das Seil schwingen, oder es Richtung Pferd schleudern. Wichtig ist, dass Sie eine *Wirkung* erzielen – dass das Pferd *sich bewegt*.

Fünf Stufen, zwei unterschiedliche Strategien

Grundsätzlich gibt es in dieser Phase zwei gegensätzliche Strategien. Die erste lautet: Sie verstärken Ihre Energie *stufenweise vom Feinen zum Groben*; die zweite: Sie kommen *vom Groben zum Feinen*.

Wirkung erzielt: Das Pferd bewegt sich wieder Richtung Hufschlag.

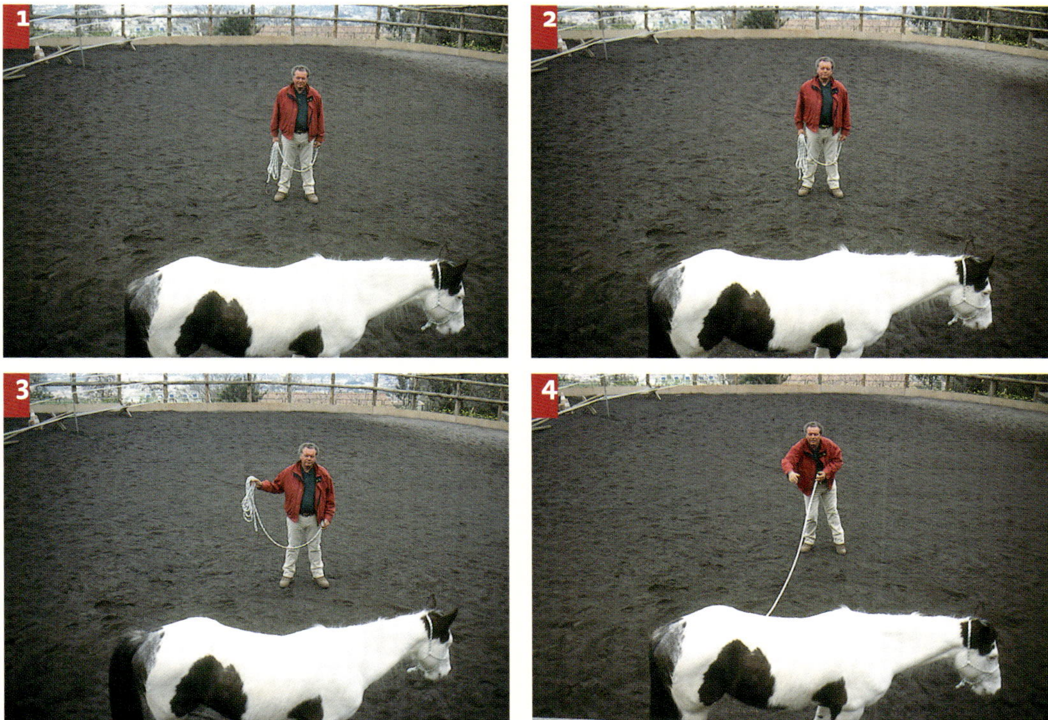

Die vier Stufen der Einwirkung:
1. Denken, was das Pferd tun soll.
2. Tief einatmen.
3. Arm mit dem Seil heben.
4. Das Seil werfen.

Welche Strategie Sie wählen, kann Ihnen kein Buch verraten. Das müssen Sie selbst herausfinden.

Für Strategie eins empfehle ich fünf Energiestufen:

1. *denken (was genau will ich erreichen),*
2. *atmen (mit erhobenem Kopf so einatmen, dass sich der Brustkorb deutlich hebt – eine Imponierhaltung einnehmen),*
3. *den Arm mit dem Seil heben (seitwärts wegstrecken),*
4. *das Seil werfen (je nach Temperament des Pferdes: ein paar Meter hinter das Pferd, unmittelbar hinter das Pferd oder an die Kruppe). Und wenn das alles nicht geholfen hat:*
5. *das bereits geworfene Seil hinter dem Pferd herschleudern.*

Dennoch kann ich Ihnen ein paar Grundsätze nennen: Strategie eins wähle ich immer dann, wenn ich ein Pferd vor mir vermute, dessen Laufwille und Temperament stark ausgeprägt erscheinen. Strategie zwei wähle ich, wenn beides eher schwach entwickelt ist. Dennoch kann man mit der Diagnose falsch liegen, dann ändert man seine Strategie und passt beim nächsten Mal besser auf. Im Zweifelsfall ist Strategie eins immer besser, denn wenn es sein muss, können Sie auch damit grob werden.

Sie steigern Ihren Energieeinsatz immer dann um eine Stufe, wenn das Pferd nicht die gewünschte Reaktion zeigt. Lassen Sie sich höchstens *zwei Sekunden Zeit,* bevor Sie zur nächsten Stufe übergehen. Länger darf es nicht sein, denn zögern Sie länger, kann das Pferd Ihre Aktion nicht mehr mit seinem eigenen Verhalten verknüpfen.

Strategie zwei ergibt sich aus der umgekehrten Reihenfolge. Sie beginnen dann bei Stufe vier und werfen das Seil von vornherein vielleicht sogar so, dass Sie das Pferd treffen. Doch wie gesagt: Wenn Sie zweifeln, welche Strategie angemessen ist, wählen Sie lieber die erste. Und selbst wenn Sie sich für Strategie zwei entschieden haben, so gilt das nur für die Initialbewegung. Bei jeder weiteren Aufforderung verwenden Sie Strategie eins. Strategie zwei ist nichts anderes als ein lautes „Hallo“, das Sie in einen Raum mit unaufmerksamen Menschen hineinrufen, deren Aufmerksamkeit Sie sich wünschen.

Trollt sich Ihr Pferd Richtung Hufschlag, sollten Sie gleich die nächste Entscheidung treffen: rechte oder linke ‚Hand'. Die meisten Pferde biegen nach links ab, weil es ihnen mehr liegt. Entscheiden auch Sie sich für links, so gehen Sie damit nach dem Grundsatz vor, es dem Pferd so leicht wie möglich zu machen. Nur: Entscheiden Sie sich, *bevor* es das Pferd tut, und schicken *Sie* es nach links. Wenn es sich selbst entschieden hat, dann ist Ihre Bestätigung höchstens noch ein diplomatischer Akt, keine clevere Vorgehensweise mehr. Für die erste Bewegungsaufforderung an das Pferd nach rechts sollten Sie gute Gründe haben. Ihr Pferd *sofort* nach rechts zu schicken, stellt eine Art Provokation dar und wird wahrscheinlich sofort mit dem Versuch eines Richtungswechsels beantwortet werden. Und der ist bekanntlich ein grober Regelverstoß. Folge: Es gibt Ärger.

So halten Sie das Wurfseil, wenn Ihre Körperhaltung Energie ausdrücken soll.

Seilhaltung und optimale Körperposition

Jetzt befindet sich das Pferd auf dem Hufschlag, sagen wir auf der linken ‚Hand'. Sie tragen Ihr Seil, wenn es irgendwelche Eisenteile hat, so, dass Sie den Karabinerhaken zum Beispiel mit Ihrer linken Hand umfassen. *Fühlen* Sie das Metall und halten Sie es in der Hand. Sorgen Sie dafür, dass es Ihnen bei einem Wurf nicht aus der Hand

Energiestufen: Stufe 3 (links) und 4 (rechts). Bei einem eher temperamentvollen Pferd sollten Ihre Bewegungen weniger dynamisch ausfallen als auf dem rechten Foto.

gleitet. Ist der Haken mittels eines Ringes am Seil befestigt, dann stecken Sie (für diese Richtung) Ihren linken Daumen durch den Ring, so dass das Seil einen noch festeren Halt in Ihrer Hand hat. Den kompletten Rest des Seils nehmen Sie wurfbereit in Ihre rechte Hand. (Geht das Pferd in die andere Richtung, gilt die Beschreibung entsprechend umgekehrt: Ring in die rechte Hand, das aufgewickelte Seil komplett in der linken Hand.)

Am Besten: Sie üben Seilhaltung und Seilwurf zunächst außerhalb des Round Pen und ohne Pferd. Ebenso das Aufwickeln des Seils *ohne hinzuschauen*: Lernen Sie, das Seil in Ihren Händen zu fühlen. Überprüfen Sie nun Ihre Position zum Pferdekörper: Sie sollten mit Ihrer Querachse parallel zur Längsachse des Pferdes stehen. Ihre beiden Schultern sind gleich weit vom Pferd entfernt (siehe S. 129). Das lässt sich am besten überprüfen, indem Sie sich vorstellen, dass aus Ihren beiden Schultern jeweils eine gleich lange unsichtbare Stange herauswächst, deren Enden genau auf dem Schulterblatt und der Ihnen zugewandten Hinterhandseite des Pferdes auftrifft. Wenn die Stangen gleich lang sind, befinden Sie sich in der richtigen Position.

Schauen Sie dahin, wo Ihr Schenkel läge, wenn Sie auf dem Pferd säßen. Das ist die stärkste Energieposition. Auch hier hilft ein inneres Bild: Stellen Sie sich vor, dass zusätzlich noch eine Stange von ihrer Gürtelschnalle aus Richtung Pferdkörper zeigt. Das Stangenende trifft das Pferd genau an der Stelle, an der der Reiterabsatz liegen würde.

Und denken Sie daran: Schauen Sie dem Pferd nicht in die Augen! Der Blick ist eine starke Energie, der dazu führen kann, dass das Pferd zum Zaun (ab)wendet, wenn Sie es gar nicht möchten.

Um immer in der richtigen Position zum Pferd zu bleiben, kreuzen Sie am besten Ihre Füße, während Sie sich mit dem Pferd mitbewegen (siehe Foto S. 130 unten). Auf der linken ‚Hand' tritt Ihr rechter Fuß bei jedem Schritt über den linken. Auf der rechten ‚Hand' geht es entsprechend umgekehrt. Wie weit der Fuß übertritt, hängt von der Gangart des Pferdes und seiner Laufgeschwindigkeit ab. Üben Sie die Fußfolge ein bisschen, denn wenn Sie *nicht* übertreten, dreht sich Ihre Schulter und der Druck auf das Pferd lässt nach.

Gute Führung durch präzise Ziele

In meinen Seminaren bitte ich den Akteur im Round Pen nun, das erste *Bewegungsziel* für das Pferd zu formulieren. Zielsetzungen sind bedeutsam und unerlässlich für gute Führungsarbeit. Und um *Führungsarbeit* geht es ja in diesem Verfahren. Die Zielvereinbarung zwischen Chef und Mitarbeiter dient der *Orientierung* und ist *Maßstab* für Leistung und Leistungsbewertung. Wenn der Chef sagt, was er will, weiß der Mitarbeiter, was zu tun ist. Sein Handeln ist durch den Chef überprüfbar, und außerdem dient die Absprache dazu, dass der Mitarbeiter nicht (unfairerweise) *überfordert* wird durch nicht vereinbarte Nachforderungen.

Stellen Sie sich nun vor, Sie seien der Chef und das Pferd Ihr Mitarbeiter. Ihr ‚Büro' befindet sich genau in der Mitte des Round Pen und hat einen Kreisumfang von zwei, drei Metern, innerhalb dessen *Sie* sich bewegen. Der Arbeitsplatz Ihres Mitarbeiters ist der *Hufschlag* innerhalb des Round Pen.

Als erstes (nachdem Sie die Richtung bestimmt haben) formulieren Sie nun das gewünschte Bewegungsziel für Ihr Pferd. Formulieren Sie das Ziel laut. Nicht, damit das Pferd es hört (gesprochen

Wenn sich ein Pferd, wie hier Pio, nur schwer bewegen lässt, müssen Sie den Druck (also das indirekte Gefühl) erhöhen, indem Sie näher an das Pferd herangehen.

wird auf dieser Stufe unseres Lernens ja noch nicht), sondern damit *Sie es selbst* hören. Genau genommen handelt es sich um eine Konzentrationshilfe für *Sie*. Konzentration ist, wie Sie bereits wissen, eine der vier Verantwortungen von uns Menschen im Umgang mit Pferden.

Ein Bewegungsziel muss immer drei Forderungen beinhalten:

1. *Wie lange soll das Pferd laufen?*
2. *Welche Gangart soll das Pferd gehen?*
3. *In welche Richtung soll es laufen?*

Beginnen Sie am besten mit einer klar definierten Trabaufforderung, wie etwa: „Zwei Runden (1) Trab (2) auf der linken Hand (3)“. Also, nicht einfach nur: „Trab“. Viele Menschen drücken sich gerne um Präzision, um nicht in die *Verantwortung* genommen zu werden. Nach dem Motto: Was ich nicht genau gesagt habe, darauf kann ich auch nicht festgelegt werden. Denken Sie daran: In diesem Training ist nicht das Pferd der Schüler, sondern *Sie*! Nicht das Pferd soll *traben* lernen, sondern *Sie* sollen lernen, ein guter Chef und Anführer zu werden. Ein guter Chef ist *präzise* und auf ihn ist *Verlass*.

Stellen Sie sich doch einmal vor, Sie kämen morgens auf Ihre Arbeitsstelle und fragten Ihren Chef, was Sie heute tun sollen. Und seine Antwort lautete: „Viel arbeiten“. Jetzt stünden Sie unter Umständen ganz schön im Regen, denn was heißt schon „viel arbeiten“? Der Chef hat sich damit alle Türen offen gehalten: Sie könnten arbeiten ‚wie ein Tier‘, und er könnte sagen: „Nicht genug“. Oder: „Ach Gott, warum haben Sie sich denn so angestrengt. War doch gar nicht nötig!“ Sie sind auf jeden Fall der Dumme, und der Chef hat immer Recht. Sie wären seiner Willkür ausgeliefert.

Wenn sich das Pferd in Stufe 4 immer noch nicht so schnell bewegt, wie Sie es wünschen, folgt Stufe 5: Sie schleudern das Seil aus der Bewegung heraus hinter dem Pferd her.

Den Pferden geht's nicht anders. Auch sie sind oft die Dummen, weil wir unkonzentriert sind oder weil wir uns nicht festlegen wollen. Also: Seien Sie auch Ihrem Pferd gegenüber ein *gerechter* Chef, und formulieren Sie Ihre (Bewegungs-)Erwartungen *präzise.*

Wenn Sie das Bewegungsziel benannt haben, sorgen Sie unverzüglich dafür, dass sich das Pferd in Bewegung setzt. Sorgen Sie mit Ihrer Energie (und eventuell mit der des Seils) dafür, so wie oben in den fünf Stufen der Energie beschrieben.

Zunächst *denken* Sie Ihr Ziel. Ihre Gedanken können sich Ihnen über unterschiedliche Kanäle *bewusst* werden: Sie können sich selbst sprechen *hören,* Sie können es sich *bildlich vorstellen,* also vor Ihrem ‚geistigen Auge' sehen, wie Ihr Pferd trabt, oder Sie hören die Trabschritte vielleicht in Ihrem ‚inneren Ohr'. Manche Menschen ‚fühlen' den Trab eher.

Vielleicht ‚pacen' Sie Ihr Pferd auch, das heißt Sie „gehen" zunächst seine Gangart. Dazu traben *Sie* ein wenig an und erhöhen – wenn nötig – Ihre Energiestufen bis zum gewünschten Ergebnis, dem Trab Ihres Pferdes: Wenn das Denken (Stufe eins), das ‚innere' Bild, der Ton, das Gefühl (noch) nicht ausreichen, um das Pferd in Be-wegung zu bringen, atmen Sie (Stufe zwei) sichtbar ein; wenn auch das nicht reicht: Heben Sie (Stufe drei) Ihren Arm mit dem Seil. Strecken Sie ihn dabei von Ihrer Schulter seitwärts weg (nicht Rich-tung Pferd).

Sollte auch das noch nicht genügen, Ihr Pferd in den Trab zu bring-en, dann werfen Sie zusätzlich das Seil, diesmal allerdings Richtung Pferd (Stufe vier). Für den Fall, dass Sie sich anfangs beim Werfen ein bisschen ungeschickt anstellen (oder Ihr Pferd nicht zu den Be-wegungsfreudigsten gehört), dann ziehen Sie das bereits geworfene Seil – verstärkt durch Ihre eigene Bewegung – so lange mit Schwung hinter dem Pferd her, bis es die gewünschte Gangart aufnimmt (Stufe fünf).

Wichtig ist, dass Sie tatsächlich Bewegung *erzielen,* und Ihre Energie *erst dann* sinken lassen, wenn Sie Bewegung erlangt haben. Dann gehen Sie aber sofort wieder zurück zu Stufe eins – also denken. So lange das Pferd so läuft, wie es soll, konzentrieren Sie sich auf diese von Ihnen gewünschte Bewegung.

Kleine Ziele, der Schlüssel zum Erfolg

Der Maßstab unseres Handelns sind *klare, kleine Ziele.* Der Grund: Kleine Ziele sind leichter zu erreichen. Hat man sie erreicht, ist man froh und glücklich. Die Psychologie nennt diesen Zustand Motivation. Und *Motivation* braucht man wiederum, um sich nicht entmutigen zu lassen, und um auf Dauer auch schwierigere Ziele zu erreichen.

Aufforderung zum Galopp: Auf Energiestufe 2 hebt Zan zunächst unwillig den Kopf (Bild oben). Auf Energiestufe 3 (Bild unten) jedoch fügt er sich willig, tritt mit dem linken Hinterhuf unter, um Gewicht aufzunehmen und bringt Kopf und Hals in die optimale Startposition.

Mit großen Zielen ist es umgekehrt: Sie sind schwer zu erlangen. Zwar ist man besonders froh und glücklich, wenn man sie erlangt hat, nur leider ist das selten der Fall. Dazwischen liegen oft Schweiß und Tränen, und man stolpert von einem Motivationsloch zum nächsten.

Meine Seminarteilnehmer *genießen* das Konzept der klaren, kleinen Ziele geradezu: keine Überforderung und jederzeit ein Lichtstreif am Horizont. Das Schöne daran aber ist vor allem: Viele kleine Ziele führen ebenfalls zum großen Ziel, ohne Motivationstäler durchkriechen zu müssen.

Im Grunde ist es ja wie mit einer Salami. Wenn Sie großen Hunger haben, schnell satt werden wollen und gierig in die harte Wurst beißen, laufen Sie Gefahr, sich einen Zahn auszubeißen. Schneiden Sie stattdessen jedoch die Wurst in zarte, dünne Scheiben, so stillen Sie nicht nur Ihren Hunger, sondern Sie können sogar jeden Bissen genießen.

So gesehen, unterscheidet sich Pferdetraining nicht von Salami essen. Stellen Sie deshalb (vor allem anfangs) nur kleine Bewegungsanforderungen an Ihr Pferd: lieber nur eine Runde Trab statt fünf. Lieber nur zwei Galoppsprünge statt zwei Runden.

Ein weiterer Grund: Wenn Sie Ihr Pferd erst einmal zu einem ‚Job' aufgefordert haben, müssen Sie dafür sorgen, dass es seine Arbeit auch erfüllt. Denn es hat ja *seine* Verantwortung zu übernehmen, niemals die Gangart zu wechseln.

Im Klartext: Wenn Sie tatsächlich drei Runden Galopp gefordert haben, so bedeutet das drei Runden Galopp *ohne Unterbrechung*. Sagen Sie nicht: „Ach, mein Pferd läuft doch so gerne. Drei Runden sind keine Sache." Sie könnten sich wundern. Vielleicht läuft Ihr Pferd tatsächlich gerne (nur leider meistens davon); im Augenblick, da es jedoch auf Ihren Wunsch hin laufen soll, zählt es jeden Galoppsprung. Schließlich kennt es die Rangordnungsgesetze der Herde bislang besser als Sie: „Wer sich bewegt, hat verloren."

Deshalb kann es sein, dass es immer nur zwei Runden (oder auch nur eine, oder eine halbe, oder...) galoppiert, und Sie müssen immer wieder neu beginnen. Am Ende sind Sie mit den Nerven fertig, das Pferd mit seinen Kräften am Ende, oder es hat sich in die Totalverweigerung begeben.

Besser ist es daher, selbst bei einem temperamentvollen und lauffreudigen Pferd, anfangs vielleicht nur eine halbe Runde zu verlangen, bei einem faulen Pferd reichen sogar ein, zwei Galoppsprünge. Sollte es mehr laufen, so macht das gar nichts, denn im Round Pen darf das Pferd *immer schneller und länger laufen* als gefordert, nur nicht langsamer, kürzer oder in die andere Richtung. Grund: Von Natur aus läuft das Pferd davon, wenn ihm irgendetwas nicht geheuer ist. Reiter kennen und fürchten das, und haben deshalb eine Vielzahl Hilfsmittel ersonnen, um dies zu verhindern, allen voran das Gebiss.

Ziel des Joining-Trainings

Im Joining-Training geht es darum, genau diese natürliche Reaktion des Pferdes umzukonditionieren, allerdings nicht mit *Gewalt*, durch Ziehen oder Reißen am Zügel, wie es so oft geschieht, sondern dadurch, dass es Raum bekommt für seinen ‚Widerspruch': Es darf so lange laufen, wie es möchte. Wenn das Pferd auf diese Weise seine natürliche Eigenschaft auslebt, bei Gefahr oder Unwohlsein davonzulaufen, dann macht es im Round Pen genau die gegenteilige Erfahrung: Es rennt davon und entgeht seinem Prob-

Jan möchte Sanjuscha forttreiben, macht jedoch den Fehler, das Seil Richtung Hinterhand zu werfen, statt zunächst Kopf und Schulter des Pferdes wegzuschicken.

lem dennoch nicht. Es lernt, dass Flucht als Widerstand keine angemessene Antwort darstellt.

Ziel allen Joining-Trainings ist die *Folgsamkeit*, körperlich sichtbar dadurch, dass das Pferd sich dem Menschen *anschließt* und ihm dann *folgt*. Wenn das Pferd sich entscheidet, folgsam zu sein statt davonzulaufen, bekommt es Ruhe. Sein *Wohlergehen* ist damit gesichert. Diese Form des Lernens, Erfahrungen zu machen, für die man selbst verantwortlich ist, ist die wirkungsvollste – auch für Pferde.

Im Joining-Training macht das Pferd die Erfahrung, dass Widerstand oder Davonlaufen Kraft kostet, dass Folgsamkeit hingegen Wohlergehen verschafft. Deswegen darf ein Pferd im Joining-Training sich freiwillig immer mehr, schneller und länger bewegen

– es beschleunigt damit nur seine Entscheidung, dass Folgsamkeit angenehmer ist.

Andererseits ‚weiß' Ihr Pferd, allerdings auch, ob es sich weniger bewegt hat, als Sie wollten, und dass es damit wieder ein paar Punkte auf seinem Konto sammeln konnte. Deshalb: Seien Sie schlau und fordern sie immer nur so viel, wie sicher ist, dass Sie es auch erreichen können.

Machen Sie auch nicht den Fehler, zu früh Schritt zu fordern. Manchem Anfänger im Round Pen ist ein schnell laufendes Pferd nämlich unheimlich, und deswegen sehen diese Menschen ihr Pferd allzu gern im Schritt. Achtzig Prozent aller Pferde laufen jedoch gerne, zumal in dieser Phase des Joinings, und erst recht, wenn sie gerade aus der Box oder aus dem Paddock gekommen sind. Die zu frühe Schrittaufforderung wird Ihnen nur Ärger bereiten: Das Pferd läuft Ihnen länger davon als notwendig.

Dies wiederspricht nur auf den ersten Blick dem, was ich oben gesagt habe. Denken Sie daran: Oberstes Ziel ist es, irgendwann immer genau *die* Bewegung vom Pferd zu bekommen, die wir wollen. Verlangen wir zu früh Schritt, so läuft es uns unter Umständen im Trab oder im Galopp davon. Damit erzieht es sich im Sinne des Joining-Verfahrens zwar selbst, aber wir verlieren zwischendurch dennoch Punkte, denn es widersetzt sich ja.

Läuft das Pferd langsamer oder weniger als wir wollen, dann verlieren wir ebenfalls Punkte, der Erziehungseffekt für das Pferd ist jedoch gleich Null. Wollten Sie nun zwischen zwei Übeln abwägen, dann ist es zwar besser, das Pferd läuft Ihnen (im Round Pen) davon; gut oder richtig ist es dadurch aber dennoch nicht.

Manche Pferde drehen ihre Kreise immer kleiner, bis sie beim ‚Chef' im ‚Büro' angekommen sind. Dies als Vertrauensbeweis zu werten, weil sich das Pferd dem Menschen zuwenden wolle, halte ich für abwegig. Denn am Ende wird das Pferd in solchen Fällen entweder unaufgefordert bei Ihnen stehen bleiben, oder aber es verdrängt den Chef aus seinem ‚Büro'. Kommt es unaufgefordert zu Ihnen und bleibt dort stehen, dann handelt es sich außerdem um einen Gangartenwechsel; gelingt es ihm sogar, Sie ein bisschen zu verdrängen, dann hat es Sie bewegt. Schicken Sie deshalb Ihren ‚Mitarbeiter' mit der notwendigen Energie entschieden zurück an seinen ‚Arbeitsplatz'.

Manche Pferde schauen auch schon mal sehnsüchtig Richtung Chefbüro: „Komm‘ Chef, lass‘ uns `nen Kaffee trinken!“ Manche wiederum schleudern ihren Kopf aufmüpfig Richtung Mittelpunkt, als wenn sie sagen wollten: „Schluss jetzt, sonst komm‘ ich und trete Dir die Tür ein!“ Antworten Sie in jedem Fall mit Energieein-

Mittelpunkt allen Handelns ist, es dem Pferd so leicht wie möglich zu machen und nur so schwer wie nötig.

satz: Schauen Sie entschieden Richtung ‚Mitarbeiter', heben Sie den Arm mit dem Seil, und werfen Sie dieses, wenn nötig, an *den* Körperteil des Pferdes, der Ihnen am nächsten ist.

Manchmal schlagen Pferde auch in die Richtung des Menschen aus, zumal nach der Aufforderung zum Galopp. Nach meiner Erfahrung hat es nur ein Pferd (von weit über tausend) einmal ‚böse' gemeint (will sagen: Es wollte mich wirklich treffen). Die anderen wollten höchstens imponieren: „Mal sehen, ob Du einen Schritt zurückweichst."

Werfen Sie in diesem Fall das Seil sofort wieder und zwar so, dass es möglichst auf der Kruppe landet. Nicht feste, nicht als Rache, Abwehr oder Strafe, sondern lediglich als souveräne Antwort: „Du kannst mir drohen oder imponieren wollen. Das beeindruckt mich überhaupt nicht." Aus der Sicht des Pferdes nimmt sich die Sache so aus: „Ich habe dem Typen mein Hinterteil gezeigt, um ihm klarzumachen: ‚Wenn Du mich weiter bewegst, gibt's Keile'. Und was macht der Kerl? Legt mir auch noch seine Hand auf den Hintern!" Ich nenne das den „Bud-Spencer-Effekt": einen potenziellen Angreifer nicht aggressiv zu bekämpfen, sondern in aller Gelassenheit seine ‚Faust' in der Luft abfangen und sie mit einem freundlichen Lächeln herunterdrücken.

Sollte ein Pferd jedoch tatsächlich angreifen, dann haben Sie alles Recht der Welt, sich mit allem, was Sie haben, zu verteidigen oder schleunigst den Round Pen zu verlassen und das Thema einem Profi zu übergeben. Aber, wie gesagt: in 99,9 Prozent der Fälle wollen Pferde nur imponieren und nicht wirklich angreifen.

Die Basis-Arbeit: alle drei Gangarten

Nach dem Motto: Es dem Pferd so leicht wie möglich und nur so schwer wie nötig zu machen, besteht die Basis-Arbeit im Round Pen in der Regel immer aus den *drei Grundgangarten,* jeweils auf der rechten wie auf der linken ‚Hand' absolviert. Ich gehe hier anders vor als Monty Roberts, der das Pferd grundsätzlich immer ca. 400 Meter galoppieren lässt, weil dies die arttypische *Fluchtdistanz* des Pferdes sei.

Mein Joining-Konzept baut nämlich nicht – wie bereits erläutert – wie Monty Roberts' „Join up" – darauf auf, dass der Mensch im Round Pen zunächst die Rolle des *Raubtiers* übernimmt, sondern er spielt von vornherein die Rolle des *Chefs,* im pferdischen Sinne also: der Leitstute.

Im Grunde handelt es sich dabei nur um die konsequente Anwendung von Monty's eigenem Konzept aus der Herdenbeobachtung. Und es ist auch logischer, denn wie soll das Pferd im Round Pen die Verwandlung des Menschen vom (jagenden) Raubtier, mit all seinen typischen, drohenden Bewegungen hin zur Leitstute, die Folgsamkeit erwartet, binnen Minuten nachvollziehen können?

Wie ebenfalls schon erläutert, geht es für uns Menschen im Umgang mit Pferden darum, die *Führung* zu übernehmen; es geht also um eine psychologische Maßnahme, nicht um eine existenziell bedrohliche. Schließlich muss das domestizierte Pferd von heute nicht mehr vor Raubtieren fliehen, sondern höchstens vor den menschlichen Anforderungen – und das tut es bekanntlich oft genug.

Entsprechend sollen die Bewegungen des Menschen im Round Pen, wenn er sein Pferd antreibt, *nicht* an die von Raubtieren erinnern. Die Bewegungen des Menschen sollen vielmehr mittels deutlicher Energiesignale *Forderungen stellen* und zu Leistungen *antreiben.* Es handelt sich um *Erziehung* und nicht um *Jagd.* Natürlich kann es vorkommen, dass die erzieherischen Maßnahmen dazu führen, dass das Pferd seine 400 Meter (oder mehr) galoppiert. Das muss aber nicht sein. Denken Sie dran: Sie sollen es dem Pferd so leicht wie *möglich* und nur so schwer wie *nötig* machen.

Lob des Fehlers

Lassen Sie Ihr Pferd zunächst also alle drei Grundgangarten absolvieren, linksherum und rechtsherum, und achten Sie darauf, dass das Pferd zwischendurch weder Gangart noch Richtung unaufgefordert wechselt. Tut es dies dennoch, so korrigieren Sie seinen Fehler klar und deutlich, indem Sie den gewünschten Zustand wieder herbeiführen: Wenn das Pferd langsamer geworden ist, indem Sie es wieder in die schnellere Gangart bringen; wenn es die Richtung

Ein Pferd, das – ohne menschliches Zutun – stolpert, bekommt immer eine kurze körpersprachliche Antwort des Menschen: das Heben der Seilhand. Dieselbe Antwort gibt es auch, wenn das Pferd etwa wiehert oder davonläuft.

gewechselt hat, indem Sie es wieder in die alte Richtung dirigieren.

Auch Stolpern und Davonrennen gehört bekanntlich in den ‚Fehlerkatalog' der Pferde (Fehler natürlich nur, wenn wir Menschen es nicht zum Stolpern oder Davonrennen animiert haben!). Stolpert ein Pferd ohne menschliche (oder körperliche) Ursache, dann liegt eine Form von Unaufmerksamkeit vor. Antworten Sie dann mit einem kurzen Wink mit dem Arm oder mit dem Seil. Das Pferd soll nur wissen, dass Sie seine Unaufmerksamkeit bemerkt haben. Dasselbe gilt fürs Wiehern, oder wenn das Pferd an den Äpfeln seiner Kollegen riecht: Geben Sie dem Pferd durch eine kurze Armbewegung die Information: „Nicht während der Arbeit telefonieren oder Zeitung lesen!"

Achtung: Versuchen Sie nicht, den *Fehler* des Pferdes zu unterbinden! Auch das Pferd hat ein Recht auf Fehler. Wenn Sie innerhalb von zwei Sekunden auf seinen Fehler *reagieren*, macht das Pferd hingegen die wichtige Erfahrung, dass Sie die Regeln beherrschen. Pferde sind große Künstler im „Antäuschen" von Fehlern: für den Bruchteil einer Sekunde erwecken sie beispielsweise den Eindruck, in den Schritt zu fallen, um dann doch weiterzutraben. Wir Menschen neigen dann dazu, ‚schnell' zu reagieren, um den Fehler des Pferdes zu *verhindern*, und beweisen doch nur eines: schlechtes Timing.

Großer Fehler! Denn dadurch lernt das Pferd nicht, dass Sie richtig und falsch unterscheiden können; es bekommt lediglich (wieder einmal) den Beweis, dass es *Sie bewegen* konnte. Lassen Sie es den Fehler machen und reagieren Sie angemessen und rechtzeitig, das heißt mit der notwendigen Energie und innerhalb von zwei Sekunden. Das Pferd wird bald versuchen, den Stress zu vermeiden und *den* Fehler jedenfalls (so schnell) nicht wieder zu machen.

Wenn Ihr Pferd im Round Pen einfach nicht aufhören möchte zu laufen, dann knien Sie sich am besten kurz hin. Die massive Energie Ihres aufgerichteten Körpers hat das Pferd dann wahrscheinlich überfordert. Das kommt nicht nur bei energiestrotzenden Männern vor, auch manche Frau erweist sich als stiller Vulkan.

Körperenergie: Vulkan…

Vergessen Sie nicht: Das Pferd darf alle Bewegungen in diesem Training schneller und länger machen, nur nicht kürzer und langsamer. Einzige Ausnahme: Wenn der Mensch in der Mitte des Round Pen mit einer (zu starken) *Energie* das Pferd ungewollt daran hindert, langsamer zu werden. Deshalb: Wann immer Ihr Pferd schneller läuft als von Ihnen geplant, überprüfen als erstes Sie Ihr eigenes Energieniveau: Hängen beide *Arme* in diesem Fall schlapp herunter? Die kleinste Spannung im *Handgelenk* kann für das Beobachtungswunder Pferd eine Bewegungsaufforderung darstellen. Wie steht es mit Ihrem *Atem*? Luftanhalten kann auf das Pferd wie Gasgeben beim Auto wirken.

Wenn Sie Ihr Pferd verlangsamen wollen, atmen Sie (laut und deutlich!) aus. Dabei aber nicht die Hand vor den Mund nehmen, wie es so manche gut erzogene Frau in meinen Seminaren schon gemacht hat, nein, herzhaft und laut gähnen. Sie werden sehen: Das wirkt Wunder bei wieseligen Pferden.

Wenn das immer noch nicht reicht, dann knien Sie sich einfach mal hin. Wenn Ihr Pferd daraufhin langsamer wird, lag's an Ihnen, besser gesagt: an Ihrer zu starken Energie. Einmal nahm eine 15jährige Vielseitigkeitsreiterin mit einem englischen Vollblüter an meinem Grundkurs teil. Nach eigenem Bekunden absolvierte das Pferd die Geländearbeit problemlos. „Nur aus dem Dressurviereck", klagte das Mädchen, „springt er jedes Mal raus."

Die junge Dame mit ihrem feuerroten Haar strotzte vor Energie und Ehrgeiz. Entsprechend stand ihr Pferd unter Spannung. So dauerte es eine geschlagene halbe Stunde, ehe das Pferd im Round Pen zum Schrittgehen bereit war. Selbst hinknien nützte nichts. Erst als sich das Mädchen flach auf den Boden legte, konnte das Pferd entspannen! Dieses außergewöhnliche Beispiel, das auch mich verblüffte, zeigt, wie viel Energie von uns Menschen auf Pferde ausstrahlen kann. Vor diesem Hintergrund mag so manche Buckelpartie und so manches Durchgehen in einem anderen Licht erscheinen.

... oder laues Lüftchen?

Der umgekehrte Fall liegt vor, wenn Sie das Pferd erst gar nicht richtig in Bewegung bekommen, wenn Sie energetisch nicht zum ‚Vulkan', sondern eher zum ‚lauen Lüftchen' tendieren. Viele Frauen in den Seminaren gehören zu dieser Gruppe, und unter diesen wiederum (wen wundert's?) eher die Anfängerinnen in Sachen Pferd.

Manche scheinen mit ihrem Pferd ein ‚Ladies agreement' treffen zu wollen: „Ich tue Dir nichts, dann tust Du mir auch nichts." Sie sind zwar fasziniert von der Größe und Stärke eines Pferdes, aber sie fürchten sie auch. Vor allem fürchten sie, dass ein Pferd sich ‚rächen', also in einem günstigen Augenblick ‚zurückschlagen', dass es sie treten oder beißen könnte. Ich zitiere dann gerne das Bonmot: „Wer sein Pferd liebt, dem tritt es auf die Füße", was ja nichts anderes sagen will als: Zu viel vermenschlichende Tüddelei missverstehen Pferde gerne als Demutsgeste. Die Folge: Sie bewegen einen noch ein bisschen mehr.

Manchmal hilft es, wenn ich solch ängstlichen Menschen erkläre, dass ein stramm geworfenes Seil, das auf der Hinterbacke eines Pferdes landet, für das Pferd genauso schmerzhaft ist wie eine Zeitung, die uns jemand auf den Kopf wirft. Also: kein Anlass zur Sorge. Meist hilft es jedoch, den Frauen Rückendeckung anzubieten:

Ich gehe dann einfach mit ihnen gemeinsam in den Round Pen, postiere mich wie der Beifahrer auf dem Motorradsozius hinter sie und unterstütze, wenn nötig, ihre Energiearbeit. Interessanterweise verfallen viele nach den ersten Erfolgen dann geradezu ins Gegenteil und mutieren zu ‚Raubtieren', die plötzlich Spaß an der Jagd bekommen haben...

Frauengeschichten

Zwei Frauen (in zwei unterschiedlichen Seminaren), die sich beharrlich weigerten, den Strick auch nur in Richtung Pferd zu *werfen* (eine beherrschte es meisterlich, aus nur zwei Meter Entfernung daneben zu werfen), verblüfften mich besonders: Ich forderte sie daher auf, mir draußen, vor dem Round Pen, mit zunehmender Kraft den Lederpopper am Ende des Stricks auf den Handrücken zu schlagen, und zwar so lange, bis ich meine Hand wegzöge.

Als ich ihre ungläubigen Blicke sah, erklärte ich ihnen, dass ich keineswegs masochistische Bedürfnisse verspürte, sondern – im Gegenteil – recht empfindliche Hände besitze, und dass es nur darum gehe, ihnen risikolos ein *Gefühl* zu vermitteln, das Gefühl, ob und wann sie eine Wirkung erzielen würden. Ich erklärte ihnen, dass sie, solange sie die Pferde mit dem Seil nicht träfen, auch nicht wissen könnten, ob sie richtig oder falsch gehandelt hätten. Denn im Grunde interessierten sie sich nicht wirklich für die Reaktion der *Tiere*, sondern konzentrierten sich nur auf ihre eigenen Vorannahmen: Gewalt ist böse.

Es dauerte einige Zeit, sie von dem Vorhaben zu überzeugen. Als sie schließlich einwilligten, schlugen sie lange so sanft, dass mir bald der Arm allein vom Hochhalten wehtat. Ich machte ihnen daraufhin deutlich, dass sie im Grunde auch mich nicht respektierten. Endlich konnte ich sie dann doch animieren, das Experiment ernsthaft zu wagen. Die Resultate verblüfften: Die eine von beiden schlug schließlich so herzhaft zu, dass ich mir auf die Lippen beißen musste, um meinen Schmerz zu unterdrücken. Und dabei lachte sie auch noch laut und triumphierend.

Die andere schlug ebenfalls kräftig zu, brach jedoch in Tränen aus. Die lachende Frau erklärte, dass es wie eine *Befreiung* auf sie gewirkt habe, und sie „könnte es durchaus noch Mal". Ich lehnte dankend ab. Die andere Frau konnte ich gerade noch dazu überreden, nicht die Halle zu verlassen. Beide gingen zurück in den Round Pen und arbeiteten konzentriert und erfolgreich. Beide Frauen erklärten später übereinstimmend, dass sie sich von dieser Seite noch nie kennen gelernt hatten. Die Frau, die geweint hatte, rief zwei Tage später an und berichtete überschwäng-lich, dass sie seitdem all ihre Angst vor Pferden (insbesondere ihrem eigenen) überwunden habe.

Dies sollte natürlich kein Aufruf zu Gewaltanwendung sein, vielmehr zeigen diese Beispiele, dass es für jeden notwenig ist, in die *innere Balance* zu kommen. Die Frauen haben durch das kleine Experiment ein Stück *Selbst-Bewusstsein* bekommen, Bewusstheit über einen bis dahin verborgenen inneren Wesensanteil. Das ‚Vulkan-Mädchen' bekam ebenfalls ein Stück Selbst-Bewusstsein, indem sie sich ausbalancierte – nur umgekehrt als ihre beiden Geschlechtsgenossinnen: Bei ihr ging es darum, *nichts* tun und ihre Präsenz auf ein Minimum zu reduzieren, um Erfolg zu haben. Die beiden anderen Frauen mussten lernen, an ihrer Energieschraube zu drehen, ohne gleich an Gewalt zu denken (weil sie Gewalt fürchteten).

Richtungswechsel

Für den Richtungswechsel im Round Pen gibt es grundsätzlich zwei Möglichkeiten: Sie lassen das Pferd *nach außen* oder *nach innen* wechseln, mit seinem Kopf also weg von Ihnen oder zu Ihnen hin. Die beiden Verfahren bergen zwei gegensätzliche pädagogische Prinzipien: Der Wechsel nach außen macht die Räume für

Im Round Pen Training beginnen wir mit dem Wechsel nach außen.

das Pferd *eng*, wir machen ihm den Platz streitig; der Wechsel nach innen macht die Räume *weit*, wir verschaffen dem Pferd also Platz.

Wir beginnen im Kurs grundsätzlich mit dem Richtungswechsel nach außen. Der Grund dafür im Pferdetraining ist psychologischer Natur: Wenn wir mit dem Außenwechsel beginnen, ihm zunächst also den *Raum nehmen*, bereiten wir es darauf vor, sich uns *zuzuwenden*. Dies ist für das Pferd zwar angenehmer, in der Arbeitssituation wird das Pferd unter Umständen zunächst aber lieber fliehen. Diese Idee unterstützen wir deshalb zunächst mit dem Außenwechsel. Botschaft an das Pferd: Du kannst durchaus fliehen, tu' es und sieh', was Du davon hast.

Richtungswechsel – Schritt für Schritt

1. *Handwechsel des Menschen*
2. *Positionswechsel des Menschen*
3. *Energieeinsatz*
4. *Zurück zum Kreismittelpunkt*

Für den Menschen, der anfängt, zu lernen, wie er ein Pferd im Round Pen bewegt, ist es ebenfalls besser, mit dem Außenwechsel zu beginnen, da der Bewegungsablauf hier etwas unkomplizierter und die von ihm geforderte Energiearbeit eindeutiger ist.

Im Pferdetraining beginne ich dagegen unter Umständen mit dem Innenwechsel, weil ich letztendlich ja will, dass sich das Pferd mir zuwendet. Tut es dies von vornherein – wunderbar. Den Wechsel nach außen verlange ich dann nur noch, wenn es darum geht, herauszufinden, ob das Pferd auch wirklich allen Bewegungsaufforderungen nachkommt. Verweigert das Pferd allerdings den Wechsel nach innen, dann lasse ich es mehrmals nach außen wenden.

In manchen Büchern und von manchen Trainern wird der Außenwechsel abgelehnt mit dem Argument, dass man so das Pferd zu einer (körpersprachlichen) Missachtungsbewegung animiere. Das Pferd wende dem Menschen auf diese Art schließlich seinen stärksten Körperteil, den Hintern, zu. Im Prinzip ist das richtig. Allerdings wird dabei vergessen, dass das Pferd mit der Außenwendung einer Bewegungs-(Arbeits-)Aufforderung des (hoffentlich ranghöheren) Menschen nachgekommen ist. In diesem Fall geht es also um ‚Güterabwägung'. Da wir grundsätzlich alle Bewegungen von einem Pferd verlangen sollten, gehört logischerweise auch der Außenwechsel dazu.

Die Wendung nach außen

Wie funktioniert nun die *Außenwendung*? Fangen wir mit dem Pferd auf der linken ‚Hand' im Schritt an. Ausgangsposition: Das Seil mit dem Ring liegt hierbei in der linken Hand des Menschen und die Seilschlingen in seiner rechten Hand. Vorbereitung: Als Erstes wechselt der Mensch in der Mitte das Seil nun in seiner Hand, so dass der Seilanfang mit dem Ring in der rechten Hand des Menschen liegt und die Seilschlingen in seiner linken. Der Grund für den Handwechsel zuerst des Menschen als Auftakt ist einfach: *Erstens* muss der Mensch darauf vorbereitet sein, das Seil Richtung Pferd werfen zu können, wenn es sich weigert, die Laufrichtung zu wechseln. *Zweitens*: Später, mit ein bisschen Training, braucht der Mensch diesen Handwechsel mit einer entsprechenden Körperbewegung nämlich nur noch anzudeuten (das Zusammenführen der Hände vor dem Bauch), und das Pferd wechselt *eigenständig*, ohne weitere Aufforderung.

Sofort nach Ihrem Handwechsel ‚schieben' Sie über Ihre linke Schulter, nach links gehend, auf den Hufschlag zu. Achten Sie darauf, sich im gleichen Rhythmus wie das Pferd zu bewegen, Ihre eigene Geschwindigkeit also zu erhöhen, wenn das Pferd schneller wird, und stehen zu bleiben, wenn das Pferd plötzlich stoppt. Stürmen Sie auf keinen Fall direkt *auf das Pferd zu*.

Ihr *Blick* richtet sich vom Augenblick Ihres Starts an auf das Ihnen zugewandte Auge des Pferdes (das mit dem Richtungswechsel aus Ihrem Blickfeld verschwinden soll). Ihre linke Hand mit dem aufgewickelten Seil ‚fährt' so nach oben, als hätten Sie einen langen Zeigestock in der Hand und würden mit dessen Spitze von der Schulter des Pferdes bis zu seiner Ihnen zugewandten Nüster zeigen. Dort, *auf Nüsternhöhe*, bleibt die Hand. Sie bewegt sich nur weiter, wenn sich die Nüster bewegt. Hebt das Pferd den Kopf, hebt sich entsprechend Ihre Hand. Beginnen Sie dann, mit dieser Hand Richtung Pferdenüster zu ‚pumpen', als ob Sie den Pferdekopf aus dieser Entfernung mit der Hand immer wieder nach außen wegschieben wollten.

Wichtig ist, dass Sie dem Pferd genügend *Platz lassen*. Stürzen Sie also *nicht* direkt in Richtung Pferd los, sondern gehen bzw. laufen Sie seitwärts ‚über' Ihre Schulter*verlängerung* und nur leicht Richtung Pferd (das ja bereits auf den Punkt auf dem Hufschlag zuläuft, dem Sie ebenfalls zustreben). Achten Sie also darauf, dass sich der Abstand zwischen Ihnen und dem Pferd *kontinuierlich* und nicht plötzlich verkleinert. Nur so wirkt das ‚Pumpen'.

Als Faustregel für den Anfangsabstand gilt: Im Galopp lassen Sie dem Pferd etwa eine halbe Runde Platz. Im Trab mindestens

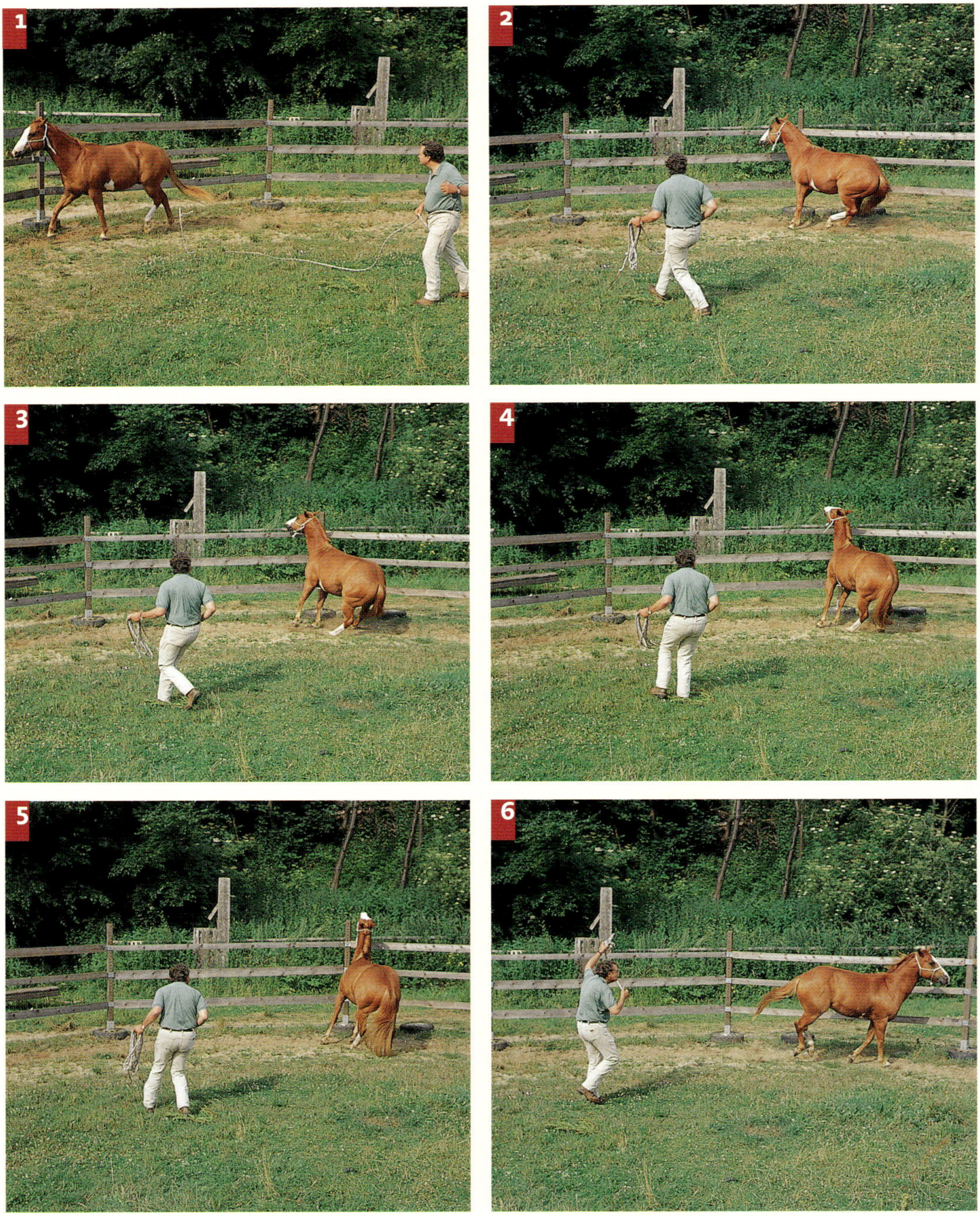
1
2
3
4
5
6

eine viertel Runde und im Schritt etwa eine achtel Runde. Gewähren Sie dem Pferd zu wenig Raum, so laufen Sie Gefahr, dass das Pferd zwischen Ihnen und dem Zaun entwischt oder dass es sich zum Durchbruch veranlasst sieht. Gewähren Sie dem sich bewegenden Pferd zu viel Raum, so animieren Sie das Pferd eventuell zur Wendung nach innen – ein weitaus geringeres Problem, denn das wäre ja die zweite Form des Richtungswechsels, aber eben eine ungewollte in diesem Augenblick.

Wenn das Pferd nicht wendet aufgrund Ihrer Blickenergie und der erhobenen, pumpenden Hand, dann müssen Sie das Seil werfen, das Sie aufgerollt in der Hand halten. Werfen Sie mit Schwung Richtung Pferdehals. Mit ausreichender Übung können Sie es später durchaus wagen, das Seil Richtung Nüster zu werfen. Auch hier gilt das Energiestufenprinzip: Steigern Sie Ihre Energie kontinuierlich Richtung Pferdenüster – solange bis Sie das gewünschte Ergebnis bekommen haben.

Im selben Augenblick, da das Pferd reagiert (Stop, Untersetzen der Hinterhand, Gewichtsverlagerung auf den äußeren Hinterfuß, Abwenden des Kopfes nach außen), reduziert sich Ihre treibende Energie auf Stufe 1: denken, das heißt: Sie lassen die Hand sinken und begeben sich wieder in Ihren Kreismittelpunkt zurück. Der Richtungswechsel nach außen, wenn sich das Pferd auf der rechten ‚Hand' befindet, erfolgt entsprechend umgekehrt.

Die Wendung nach innen

Der *Richtungswechsel nach innen* ist technisch komplizierter, dafür aber fällt er dem Pferd prinzipiell leichter, weil er ihm *Raum gewährt*. Wie beim Außenwechsel wechselt wiederum als erstes der Mensch das Seil in seiner Hand. Gleichzeitig richtet er seinen Blick auf die ihm zugewandte *Hinterhandseite* des Pferdes und stellt sich vor, er habe einen unsichtbaren Faden von seiner Gürtel-schnalle zur Nüsternseite des Pferdes geknüpft.

Ohne den Blick von der Hinterhandseite zu wenden, geht der Mensch nun in einer *geraden* Linie rückwärts – wiederum in der Bewegungsgeschwindig-keit und in dem Rhythmus, der der Geschwindigkeit des Pferdes entspricht. Beim Galopp muss der Mensch also blitzschnell zurücklaufen. Sollte sich das Pferd ihm zuwenden, kann er stehen bleiben. Wenn das Pferd aber keinerlei Anstalten macht, sich dem Menschen zuzuwenden, geht dieser so weit, bis er mit dem Rücken am Round-Pen-Zaun steht.

Seine weiteren Aktionen hängen nun davon ab, ob und wieweit sich das Pferd vom Zaun abgewendet hat. Im Idealfall hat sich das Pferd mit der Rückwärtsbewegung des Menschen mit Kopf, Hals

So kann ein Richtungswechsel nach außen erreicht werden. Bild 1: Blickrichtung des Menschen zum Pferd, Laufrichtung nach links, etwa in die Richtung, in die meine linke Faust gerade zeigt. Bild 2 : Zan stoppt allein schon wegen der Verlängerung meines linken (das Seil führenden) Arms und meines Blickes. Bild 3: Noch ein, zwei Schritte vorwärts und das Pferd hat die Wendung kräftig angesetzt. Bild 5: Ich beginne, mich zum Pferd zu drehen und unterstütze (Bild 6) die Aufforderung zur Wendung noch einmal, indem ich in der Drehung außerdem noch den Seilarm Richtung Pferdekopf hebe.
Im Grunde sind beide linken Schultern gekoppelt: die von Mensch und Pferd. Wenn alles gut funktioniert, bewegt sich die linke Schulter des Pferdes jeweils synchron in die gleiche Richtung wie (in diesem Fall) die linke Schulter des Menschen.

1

2

3

4

5

6

7

So kann ein Richtungswechsel nach innen erreicht werden: In Bild 1 auf S. 150 ziehe ich mich von meiner Position in gerader Linie zurück. Bild 2 und 3: Das Pferd folgt meiner Bewegung mit seiner Nase, dem Hals und den Vorderbeinen. Bild 4: Aus dieser Position werfe ich das Seil in die Richtung zwischen linker Nüster und Zaun. Bild 5:Zunächst antwortet das Pferd mit einer Gegenbewegung: Es wendet seinen Kopf leicht nach außen. Bild 6: Ich gehe deshalb noch ein paar Schritte vorwärts und werfe das Seil nochmals zwischen Zaun und Nüster. Bild 7 auf S. 151: Am Ende weicht das Pferd in die gewünschte Richtung.

und Vorhand vom Hufschlag nach innen gedreht und hat sich ihm vollends zugewandt. Befand sich das Pferd ursprünglich beispielsweise auf der rechten ‚Hand' (Ziel in diesem Fall: Wechsel auf die linke ‚Hand'), so hebt der Mensch nun *seine* rechte Hand Richtung linke Pferdeseite. Stellen Sie sich dabei wiederum vor, einen langen (unsichtbaren) Zeigestock in der Hand zu halten, mit dem Sie das Pferd an dessen (linker) Kopf-/Halsseite berühren wollen, um es dann mit der Spitze des Stocks weiter zur anderen Seite zu schieben.

Unter Umständen lassen Sie auch Ihren Zeigestock länger werden, indem Sie Ihr Seil in die Lücke zwischen Pferdekopf und Zaun werfen. Möglicherweise gehen Sie auch ein paar Schritte in die Wurfrichtung.

Sobald das Pferd dem Druck des unsichtbaren Zeigestocks (oder des Seils) gewichen ist, und sich abgewendet hat in die neue Laufrichtung, lassen Sie Ihre Hand sinken und gehen schnurstracks und mit geradem Blick auf die neue Ihnen nunmehr zugewandte Hinterhand*seite* des Pferdes zu (also *nicht von hinten*), so lange bis

Sie den Kreismittelpunkt erreicht haben. Durch den ‚Druck', den Sie durch Ihre Bewegung Richtung Hinterhandseite auf das Pferd ausüben, ist der ‚Längsachser' Pferd gezwungen, mit seiner Hinterhand auszuweichen und somit in die neue Richtung zu laufen.

In der Regel wird Ihr Pferd anfangs freilich nicht folgsam nach innen drehen, sondern eher auf dem Hufschlag stehen bleiben. Vielleicht wird es auch nur ein paar Grad nach innen drehen. Tatsache ist: Jede Drehung um mindestens 90 Grad in Ihre Richtung ist als großer Erfolg zu werten; alles, was weniger als 90 Grad ausmacht, ist ein mehr oder weniger großes Problem für Sie. Diagnose in jedem Fall: Der unsichtbare Faden zwischen Ihnen und dem Pferd, an dem Sie seine Nüster nach innen ‚ziehen' wollten, ist gerissen. Das Pferd ist Ihrer Einladung nicht gefolgt.

Als Erstes sollten Sie sich auch in diesem Fall fragen, ob und wie *Sie* das Problem verursacht haben. Häufigste Erklärung: Der Mensch hat seinem Pferd unbewusst (voller Erwartung oder zur Kontrolle) in die Augen geschaut. Ergebnis: Das Pferd ist stehen geblieben, *musste* stehen bleiben, um der menschlichen Blickenergie auszuweichen. Oder: Der Mensch ist zwar zurückgewichen, aber mit erhobenen Händen. Unbewusste (Energie-)Botschaft an das Pferd: Bleib' mir nur von der Pelle! In diesen Fällen versuchen Sie es noch einmal und halten Ihren Blick konzentriert auf der Hinterhand des Pferdes und Ihre Hände unten.

Möglicherweise haben Sie aber auch alles (weitgehend) richtig gemacht, und das Pferd hat sich Ihnen dennoch nicht zugewandt. Dann hat es eben „Nein" gesagt: „Ich komme nicht zu Dir!" Dann müssen Sie Ihr Pferd überzeugen, dass es besser ist, sich Ihnen zuzuwenden. Und das geht so: Angenommen, Sie stehen bereits mit dem Rücken am Round Pen-Zaun, das Pferd steht auf der anderen Seite des Round Pen auf dem Hufschlag, rechte ‚Hand'. Zunächst warten Sie ab. Das ist ganz wichtig, denn vielleicht ist noch ein Rest überschüssiger Körperenergie in Ihnen, eine Spannung, die das Pferd von Ihnen fernhält. Wenn Sie ein paar Minuten warten, dann fällt die Spannung vielleicht von Ihnen ab, und das Pferd kann sich in Ihre Richtung entscheiden. Das kommt gar nicht so selten vor.

Wenn es dennoch an seinem Platz bleibt, sie nur mit einem Auge anschaut oder vielleicht sogar beginnt, an den Round Pen-Stangen zu nagen oder zu lecken, also ganz wegschaut, dann ist es Zeit, seine Aufmerksamkeit zu gewinnen: Halten Sie Ihren Blick auf die Hinterhand(seite) des Pferdes gerichtet. Gehen Sie jetzt forsch auf die Hinterhand des Pferdes zu. Allerdings nur, so lange und so weit, bis Sie eine *Bewegung* im Pferd registrieren. Bei der *kleinsten* Bewegung nach vorn stoppen Sie und ziehen sich wieder zurück. Info an das Pferd: „Wenn *Du* Dich bewegen lässt, lasse ich Dir wieder Platz."

Sollte das Pferd weiter vorwärtsgehen, gehen *Sie* weiter zurück, wiederum *nicht im Bogen*, sondern auf gerader Linie. Wenn das Pferd weiter vorwärts läuft und Sie rückwärts, müssen Sie theoretisch irgendwann am Zaun zusammentreffen. Das wäre der (selten vorkommende) Extremfall, wo das Pferd den Raum enger macht. Dennoch ist es nicht der schlechteste Fall, denn dann bräuchten Sie (das Pferd befindet sich auf der rechten Hand), nur Ihre rechte Hand mit dem Seil zwischen Pferdenüster und Zaun zu bringen und das Pferd mit indirektem Gefühl nach innen zu schieben – Handwechsel nach innen gelungen.

Wie gesagt: ein seltener Fall. Wahrscheinlicher ist, dass das Pferd ein paar Schritte geht und dann nach innen wechselt, wenn Ihr Arm ihm mittels indirektem Gefühl den Weg weist; oder aber, dass es wieder stehen bleibt und die Prozedur von Neuem fordert. Je weiter das Pferd gelaufen ist, desto näher ist es an Sie herangekommen, und desto günstiger ist Ihre Position, um die äußere Nüster des Pferdes vom Zaun weg nach innen zu bewegen (und somit das Pferd zum Handwechsel zu bringen).

Je weiter es weggeblieben ist, desto ungünstiger ist Ihr strategischer Standort, um Ihre Energie zwischen Zaun und Pferdenüster zu bringen. Dann heißt es wieder: Druck machen, indem Sie forsch Richtung Hinterhand des Pferdes gehen und bei Bewegung zurückweichen.

Sollte das Pferd dabei allerdings zurückweichen oder gar nach außen wenden, dann haben Sie *zuviel* Druck gemacht. Bei einer Außenwendung bringen Sie es wieder (ebenfalls nach außen) zurück in die ursprüngliche Richtung und beginnen von vorn. Wenn es nur rückwärts ausgewichen ist, ziehen Sie sich umso weiter zurück. Vergessen Sie zwischendurch nie, bei einem Problem den Fehler zuerst immer bei sich selbst zu suchen. Erst wenn Sie sicher sind, alles richtig gemacht zu haben, wirken Sie wieder auf das Pferd ein.

Sauberes Anhalten

Ein guter *Test* für die Durchlässigkeit Ihres Pferdes ist der „Durchgeher"-Test. Das Schöne daran: Er ist zugleich auch eine gute *Übung* für genau diese Durchlässigkeit. Diesen Test sollten Sie immer dann vornehmen, wenn Sie den Eindruck haben, dass sich Ihr Pferd dauerhaft Ihren Wünschen durch Flucht entzieht.

Wenn möglich, beginnen Sie *im Schritt*, sagen wir: auf der linken ‚Hand'. Sie befinden sich zunächst in der Grundstellung – Ihre

Der Durchgeher-Test – zugleich ein Test auf Durchlässigkeit Ihres Pferdes. Wer genau hinsieht, der bemerkt, dass Sanjuscha von nur einem Schritt auf den anderen die Begrenzung vor ihrer Nase registriert, die Jan mit der Verlängerung seiner Fingerspitze viele Meter vor dem Pferd errichtet.

Querachse parallel zur Längsachse des vorwärts gehenden Pferdes. Aus dieser Position heraus drehen Sie sich nun um etwa 45 Grad, strecken Ihren linken Arm seitlich von sich nach links weg, so wie früher ein Verkehrspolizist, und gehen ein, zwei Schritte Richtung Zaun. Den Zeigefinger der Hand strecken Sie dabei ebenfalls aus und schauen über Arm und Zeigefinger nach links Richtung Zaun.

Das Pferd gucken Sie nicht mehr an. Nehmen Sie dabei wie einst der Polizist eine *energievolle Haltung* ein: Oberkörper aufgerichtet, Kinn nach oben. Zunächst brauchen Sie nichts anderes zu tun als abzuwarten: Bleibt das Pferd stehen oder läuft es weiter? Wo und wann bleibt es stehen: Sobald Sie den Arm ausgestreckt haben oder erst knapp vor der verlängerten Linie Ihres Arms?

Wenn das Pferd stehen bleibt, ist alles okay. Nehmen Sie dann *sofort* den Arm runter und entspannen Sie. Nach einer kurzen Pause können Sie fortfahren. Insgesamt sollte das Pferd diesen Test in jeder Gangart mindestens dreimal erfolgreich absolviert haben, ehe Sie zur nächsthöheren Gangart übergehen. Wenn das Pferd trabt oder galoppiert, sollte Ihre Körperdrehung etwa 90 Grad be-tragen, so dass das Pferd genügend Raum und Zeit zur Verfügung hat.

Wenn das Pferd *nicht* irgendwo auf dem Hufschlag vor der Verlängerung Ihres ausgestreckten Armes stoppt, dann lassen Sie den Arm in *dem* Augenblick sinken, da das Pferd die unsichtbare Linie mit seinem *Widerrist* passiert und werfen dann das Seilende Richtung Pferd, um es anzutreiben. Die Dosierung der Wurfenergie richtet sich nach dessen Temperament: Bei stürmischen Pferden reicht es vielleicht, nur das Seil zu heben; bei gelasseneren Pferden dürfen Sie durchaus mit Schwung werfen.

Im Seminar haben wir schon die kuriosesten Szenen bei diesem Test erlebt. Die beiden interessantesten Reaktionen bestanden darin, dass ein Pferd regelrecht unter der (unsichtbaren!) Linie des ausgestreckten Arms ‚hindurchtauchen' wollte; ein anderes machte einen Hüpfer, um das vermeintliche Hindernis zu überspringen – wohlgemerkt: nicht den physischen Arm eines Menschen, sondern nur dessen kurze Verlängerungslinie!

Treiben Sie das Pferd an, sooft es die Linie überschreitet. Lassen Sie es den Fehler machen! Nach einigen Versuchen – zumal wenn Sie im Schritt begonnen haben – wird es die Bedeutung der Linie akzeptieren. Versuchen Sie *nicht*, seinen Fehler zu verhindern, indem Sie den Raum zwischen sich und dem Zaun von vornherein oder sukzessive immer enger machen. Sie werden dann wahrscheinlich nur erleben, dass Ihr Pferd kehrt macht, statt stehen zu bleiben. Sollte es umdrehen, dann reduzieren Sie beim nächsten Mal Ihre Energie.

6. Schritt: **Eine Einladung aussprechen**

- *die Körperachse leicht drehen*
- *das Pferd anlächeln*
- *wenn das Pferd zu Ihnen schaut: sofort mit der Bewegungsrichtung wegdrehen*

So einfach wie möglich...

Wenn das Pferd allen Ihren Bewegungsaufforderungen nachgekommen ist, können Sie es *einladen*, zu Ihnen zu kommen und *sich Ihnen anzuschließen*. Ein solches Joining ist ein mächtiger Vertrauensbeweis, denn es bestätigt Ihnen vonseiten des Pferdes, dass es Ihren Führungsanspruch akzeptiert. Es kommt nicht zu Ihnen, weil „jetzt endlich Schluss" ist, sondern weil es Ihnen vertraut.

Niszara hat ihr inneres Ohr nach innen gewendet. Das äußere nimmt gleichzeitig weiterhin wahr, was sich außerhalb des Round Pens tut.

Eine Einladung aussprechen – die drei entscheidenden Körperhaltungen des Menschen: Aus der Treibposition (Bild 1) ziehe ich meine linke Schulter nach hinten und lege meinen Kopf ein wenig auf die Seite (Bild 2). Nur wenn das Pferd der Einladung nicht folgt, drehe ich mich weiter, bis das Pferd hinter meiner (verlängerten) Schulterlinie steht (Bild3). Das ist dann bereits die Führposition.

Monty Roberts ist der Auffassung, ein Pferd sollte erst ein paar körpersprachliche Zeichen gegeben haben, ehe man es einlädt:

- Das innere (zur Round Pen-Mitte weisende) Ohr des Pferdes sollte immer dem Menschen zugewandt sein;
- Das Pferd sollte den Kopf senken;
- Das Pferd sollte lecken und kauen.

Unabhängig davon, dass ich nicht in jedem Punkt mit Montys Interpretation genau übereinstimme, habe ich die Erfahrung gemacht, dass ein Joining auch *ohne* jedes einzelne dieser Zeichen möglich ist. Gewiss warte auch ich auf diese körpersprachlichen

Signale, wenn sie jedoch nach der Round Pen-Basisarbeit ausbleiben, wäge ich ab: Muss ich es dem Pferd tatsächlich so schwer machen und es noch weiter bewegen? Im Zweifelsfall entscheide ich mich für die *Einladung*, denn wenn das Pferd sich *nicht* einladen lässt (oder in Schritt 7: nicht folgt), dann muss ich es sowieso weiterbewegen. Erst also einmal der leichte Weg.

Um das Pferd einzuladen, drehen Sie Ihre Körperachse so, dass Sie sich ein wenig mit *in die Bewegungsrichtung des Pferdes* drehen – etwa 45 Grad. Ihre Schulterseite, die sich bereits in Bewegungsrichtung des Pferdes befindet, ist jetzt also ein bisschen weiter vom Pferd weg, Ihre andere Schulterseite ist etwas näher dran. Achtung: Drehen Sie sich *nicht zuviel* mit, so dass Sie schon in die gleiche Richtung schauen wie das Pferd, das wäre die *Partnerposition*. Dafür ist es noch zu früh!

Lächeln Sie das Pferd an, legen Sie den Kopf etwas schief wie Mona Lisa (geht auch, wenn Sie männlichen Geschlechts sind) oder pfeifen Sie ein Liedchen. Erinnern Sie sich noch an die unsichtbaren Fäden? Bilden Sie sich ein, ein solcher Faden führte (wenn das Pferd auf der linken ‚Hand' unterwegs ist) von *Ihrer* linken vorderen Schulter zur linken Nüsternseite des Pferdes. Sobald Sie Ihre Schulter also ein wenig nach hinten ziehen, sollte Ihr Pferd Ihnen mit der Nüster folgen – wenn es durchlässig ist.

Schauen Sie Ihrem Pferd jedoch nicht erwartungsfroh in die Augen! Warten Sie stattdessen zwei, drei Runden ab. Wenn das Pferd seinen Kopf nur ein klein wenig zu Ihnen dreht, drehen Sie sich schleunigst um, *weg vom Pferd*, und zwar wieder *mit* seiner Bewegungsrichtung. Aus den 45 Grad wird somit ein Winkel, der größer ist als 90 Grad. Wenn das Pferd Sie nicht anschaut, dann versuchen Sie – unter Beibehaltung Ihres Körperwinkels – ein paar Schritte rückwärts zu gehen. Das gewährt dem Pferd wieder etwas mehr Raum.

Hat bis hierhin alles geklappt, dann lesen Sie weiter unter Schritt 7: Das Joining.

Problemlösung: Frühe Führung übernehmen

Sollte das Pferd Ihrer Einladung nach zwei, drei Runden jedoch *nicht* nachgekommen sein, so haben Sie zwei Möglichkeiten: *Entweder* gehen Sie wieder zurück zu Schritt fünf und lassen das Pferd noch ein paar Runden forciert laufen. Achten Sie jetzt in jedem Fall auf die drei wichtigsten körpersprachlichen Zeichen, bevor Sie erneut Ihre Einladung aussprechen:

(1) inneres Ohr auf Sie gerichtet;
(2) lecken und kauen;
(2) das Pferd trägt seinen Hals leicht unterhalb der Waagerechten.

Alternativ können Sie aber auch sofort die *Führung* übernehmen. Ich habe dazu eine interessante und wirkungsvolle Übung entwickelt. Drehen Sie sich zum diesem Zweck als Erstes *weiter* um Ihre eigene Achse – *mit* der Bewegungsrichtung des Pferdes – und zwar so weit, bis sich das Pferd *hinter* Ihrer Schulter befindet (siehe Bild 3 Seite 157).

„Hinter der Schulter" bedeutet allerdings nicht: *unmittelbar* dahinter. Selbst wenn Sie nach der Drehung noch annähernd im Mittelpunkt des Round Pen stehen, kann sich das Pferd hinter Ihnen befinden. Stellen Sie sich einfach vor, dass aus Ihrer (in Richtung Pferd zeigenden) Schulter der *unsichtbare Stab* herauswächst, der in gerader Linie zum Round Pen-Zaun hin verläuft. Solange sich das Pferd hinter dieser (gedachten) Linie bewegt, ist es auch hinter *Ihnen*.

Kompliziert? Nicht für das Pferd. Als Fluchttier der Grassteppe ist es in der Lage, Räume exzellent einzuteilen. Es hat diese Fähigkeit als Teil seines Überlebenskonzepts von Mutter Natur mitbekommen. Würde eine Pferdeherde nämlich blindlings vor Raubtieren davonpreschen, liefe sie in den sicheren Tod. Stattdessen müssen (und können) Pferde strategische Angriffswege potenzieller Feinde ‚berechnen'. Dazu gehört auch, ihren eigenen Fluchtraum optimal auszunutzen: Wo liegt der breiteste Fluchtkorridor, wo wird es eng, wo sind noch Schlupflöcher?

Vier Fallstricke und wie Sie ihnen entkommen

Diese Eigenschaft machen wir uns beim Joining im Round Pen zunutze. Haben Sie sich erst einmal so gedreht, dass das Pferd hinter Ihnen positioniert ist, steht es schon 1:0 für Sie, denn das Pferd ‚folgt' ja bereits – ob es will oder nicht Eine psychologische Erfahrung lautet: „Physis beeinflusst Gefühle" und das bedeutet: Wenn das Pferd nur lange genug *hinter* Ihnen hergelaufen ist, wird es ‚automatisch' folgsam.

Dennoch wird das bei einem Pferd, das Ihre Einladung ausgeschlagen hat, anfangs nicht ausreichen. Wahrscheinlich wird es deshalb jetzt ein paar Versuche unternehmen, sich Ihrer Führung zu entziehen. Erste Möglichkeit: Es versucht zu überholen. In diesem Fall brauchen Sie sich nur ein wenig schneller zu drehen und das Pferd hat im wahrsten Sinne des Wortes weiter das Nachsehen. Selbst das schnellste Pferd der Welt wird Sie nicht überholen können, wenn Sie in der Mitte des Round Pen stehen und sich um Ihre eigene Achse drehen.

Diese Tatsache übt auf das Pferd eine starke psychologische Wirkung aus. Denn von Natur aus ist es gewohnt, entweder allem Unangenehmen durch seine Schnelligkeit zu entkommen oder aber getötet zu werden. Mit dieser Übung wird das Programm neu geschrieben: Das Pferd macht die Erfahrung, dass es zwar langsamer als der potenzielle Gegner ist, dass es aber trotzdem überlebt! Möglicherweise reicht dies schon zum Joining: Sie haben wirkliche Leitstuten-Qualitäten bewiesen.

Zweite Möglichkeit: Es stoppt und bleibt beim Anblick Ihrer Schulter („Komm‘ und folge mir!“) einfach stehen. Botschaft: „Ich will aber nicht folgen.“ In diesem Fall stoppen auch Sie und warten ab, was auf den nächsten Seiten („Die Aufforderung verstärken“: Das Band des Vertrauens) beschrieben steht.

Dritte Möglichkeit: Es wendet nach außen und läuft in die Gegenrichtung davon. Dann bringen Sie das Pferd wieder in die ursprüngliche Richtung zurück und zwar mit einem Wechsel nach außen.

Vierte Möglichkeit: Es wendet sich nach innen, Ihnen zu, dreht dann aber ab. In diesem Fall überlegt das Pferd, sich Ihnen anzuschließen, plant aber auf halbem Wege wieder um und zieht von dannen. Jetzt brauchen Sie das Pferd nicht unbedingt wieder in die ursprüngliche Richtung zurückzudirigieren (auch wenn es sich, genau genommen, um einen verbotenen Richtungswechsel handelt). Denn im Zweifel gilt: Wir entscheiden immer *für* das Pferd.

Deshalb drehen Sie sich, wenn dies passiert, einfach *mit* dem Pferd. Beispiel: Das Pferd befindet sich auf der linken ‚Hand‘. Sie stehen annähernd in der Mitte der Round Pen so, dass Sie etwa in die gleiche Richtung schauen, in die auch das Pferd schaut. Jetzt dreht der Vierbeiner mit der Vorhand nach links ab, guckt Ihnen kurz

1

direkt auf den Rücken, dreht weiter mit seiner Vorhand nach links und befindet sich nach ein paar weiteren Schritten auf der rechten ‚Hand'.

Sie müssen dabei im Grunde nur über Ihre linke Schulter *ein paar Schritte* nach links schieben, um mit dem Rücken wieder genau

2

3

Bild 1: Das Band des Vertrauens wird geknüpft: Ohne Pio zu berühren, ‚drückt' meine Schulter den Kopf des Pferdes ein wenig nach außen. Meine Schulterlinie befindet sich vor der Nase des Pferdes.
Bild 2: Jetzt ‚ziehe' ich mit meiner rechten Schulter – aufgrund von indirektem Gefühl – die linke Nüster von Pio mit mir. Ein Blick aus meinem Augenwinkel überprüft, ob ich erfolgreich war.
Bild 3: Pio (der sich von Anfang an meinem Folgeauftrag widersetzte) folgt – wenn auch widerwillig. Außer der Nase haben sich auch Schulter und linker Vorderhuf in meine Richtung bewegt.

so vor dem Pferd zu stehen wie zuvor auf der anderen ‚Hand'. Für das Pferd bedeutet dies eine größere Bewegung ohne jeglichen Erfolg. Wieder ein paar Punkte für Sie!

Gefühlsverdichtung: die Aufforderung verstärken

Bislang haben Sie sich bei den letzten Aktionen mehr oder weniger im Mittelpunkt des Round Pen befunden. Dies ist ein sicherer Ort für die oben geschilderte Form des Führens. Aber es ist auch ein eher wenig(er) *wirksamer* Ort: Die Distanz zwischen Ihnen und dem Pferd ist doch recht groß. Für das eine oder andere Pferd mag dies ausreichend sein für einen Stimmungsumschwung, und es wird sich dem Menschen anschließen. In der Regel sind die Signale, die in dieser Distanz vom Menschen ausgehen, aber zu *schwach*, um einen dauerhaften Meinungsumschwung beim Pferd etablieren zu können. Das *Band des Vertrauens* (s. auch Seite 73) zwischen Mensch und Pferd ist auf dieser Distanz noch zu dünn.

Deswegen kann es sein, dass Sie ab einem bestimmten Zeitpunkt Ihre sichere Mittelposition aufgeben und sich – gleichzeitig *mit der Vorwärtsbewegung des Pferdes* – ein wenig weiter nach außen bewegen müssen, quasi spiralfrmig, so dass der Kreis, den Sie gehen, immer größer wird. Der Zeitpunkt dafür ist dann gekommen, wenn sich das Pferd zwar weiterhin vorwärts bewegt, aber keinerlei Anstalten macht, sich zu Ihnen hinzubewegen. Je weiter Sie sich nach außen orientieren (während sich das Pferd hinter Ihrer Schulter befindet), desto größer ist das indirekte Gefühl für das Pferd, desto stärker die Aufforderung: „Folge mir!"

Mit dem Weg nach außen steigt allerdings auch die Gefahr, dass das Pferd Ihnen einen der vier Fallstricke legt. Andererseits haben Sie so aber auch die Chance, das unsichtbare Band des Vertrauens zwischen sich und dem Pferd zu knüpfen. Je weiter Sie nach außen kommen, desto wahrscheinlicher ist es auch, dass das Pferd Sie bei einem Überholversuch tatsächlich überholen kann. Um dies zu vermeiden, müssen Sie vor allem eines sein: schnell. Nicht unbedingt auf den Beinen, sondern in Ihrer Reaktion. Denn, wenn das Pferd startet, müssen Sie nicht mitlaufen, sondern nur mit einer kurzen Körperdrehung nach innen die (gedachte) Schulterlinie wieder ein wenig vorschieben. Zugleich tun Sie ein paar schnelle Schritte Richtung Zirkelmittelpunkt. So haben Sie das Pferd wieder ausreichend weit hinter sich gelassen.

Spielen Sie ein bisschen mit diesen Möglichkeiten, finden Sie heraus, wie schnell das Pferd ist, und wie schnell Sie *reagieren* können. Wahrscheinlich wird Ihr Pferd in ein paar schnellen Galopprunden versuchen, die Nase vor Ihre Schulter(-linie) zu bringen.

Wenn das nicht zum Erfolg führt (und Sie auch auf seine Wendungen und Stopps angemessen reagieren), wird es ein gemächlicheres Tempo anschlagen.

Geht es erst einmal Schritt, schlägt Ihre große Stunde: Bewegen Sie sich wieder kontinuierlich nach außen Richtung Hufschlag, indem Sie die Spirale wieder öffnen. Vielleicht gelingt es Ihnen, Ihr Pferd eine Zeitlang direkt hinter Ihrer Schulter zu halten. *Erspüren* Sie dann sein Tempo, gehen Sie *mit* ihm. Im Schritt ist das kein Problem. Wenn Sie sich einigermaßen sicher fühlen, biegen Sie ein wenig nach innen ab, nur ein, zwei Schritte, und *fühlen* Sie, ob Ihr Pferd mitkommt.

Wenn ja: Bingo! Der Durchbruch ist geschafft, dann wird es Ihnen auch weiterhin folgen. Wenn Ihr Pferd jedoch stur weiterläuft, ist es noch nicht soweit. Im schlimmsten Fall gehen Sie ein paar Runden neben ihm her und streicheln es sanft am Hals. Nicht festhalten, nicht stehen bleiben, nur streicheln! Und zwischendurch machen Sie immer wieder den Versuch des kleinen Richtungswechsels nach innen. Nach diesem Manöver wird Ihnen jedes Pferd folgen. Botschaft: „Ich trau‘ Dir zwar, aber das Band zwischen uns ist noch hauchdünn.“

Wenn Sie so weit gekommen sind, haben Sie die nächsten Schritte natürlich schon hinter sich: Das Pferd hat sich Ihnen *angeschlossen* (Joining: Schritt 7), und es ist Ihnen ein Stückweit *gefolgt* (Schritt 9). *Streicheln* Sie es dann ausgiebig und machen Sie für dieses mal Schluss.

7. Schritt: ***Das Joining***

- *entspannen*
- *konzentrieren*
- *Perspektivwechsel*
- *Schleifen gehen: Druck und Zug ausüben.*

Wie von unsichtbarer Hand geführt

Wenn alles gutgegangen ist und das Pferd Ihrer Einladung Folge leistete, steht es jetzt hinter Ihrem Rücken, wenn auch vielleicht noch ein paar Meter entfernt. Atmen Sie ruhig und warten Sie ab. Für das Pferd stellt diese Position eine starke körpersprachliche Aufforderung dar: „Folge mir“. Nicht immer, aber durchaus häufig, kommt es vor, dass Pferde jetzt – wie von unsichtbarer Hand geführt – von hinten an den Menschen herantreten und sich mit ihrer Nase knapp hinter dessen Rücken platzieren.

Bild 1: Nachdem Nizsara auf Camillas Einladung reagiert hat, dreht sich Camilla vom Pferd ab und geht einen Schritt vorwärts. Nizsara folgt mit ihrem linken Vorderhuf.
Bild 2: Niszara zögert zunächst, sich Camilla anzuschließen.
Bild 3: Deshalb geht Camilla jetzt ein paar Schritte nach rechts und zieht Niszaras Kopf und Hals mit.
Bild 4: Dadurch löst Camilla Niszaras Vorhand, und das Pferd schließt sich dem Menschen an.

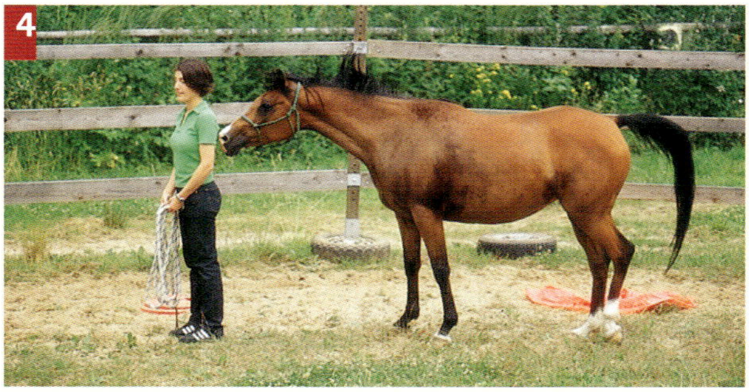

Das ist der – wie Monty Roberts ihn nennt – „magic moment". Und in der Tat empfinden es alle Menschen in meinen Seminaren so: als unglaublichen und schönen Augenblick, wenn das Pferd sich ohne Zwang ihnen anschließt: Joining! Wer dies erlebt hat, der spricht von einem „tiefen Gefühl"; manche nennen es sogar „Einheit". Sie empfinden diesen Augenblick, wenn Menschen- und Pferdewille eins zu werden scheinen, als einen Augenblick „tiefer Verbundenheit". Manch einem, ob Frau oder Mann, fließen die Tränen, manch aufgestaute Empfindung wird hier befreit.

Freilich kann es auch vorkommen, dass das Pferd sich weigert, sich anzuschließen. Dann ist die Distanz, die äußere und innere, zwischen Pferd und Mensch noch zu groß. Im simpelsten Fall liegt es an der übergroßen *Erwartungshaltung* des Menschen. Wenn ich das merke, rate ich dem Mann oder der Frau im Round Pen: „Entspann' Dich und freu' Dich darauf, dass das Pferd bald kommt." Manchmal empfehle ich auch, sich ein geistiges Bild vom kommenden Ereignis zu machen: wie sich das Pferd von hinten langsam annähert. Niemand mehr hat in dieser Phase übrigens Angst, dass ihn das Pferd von hinten anspringen könnte, selbst wenn er mit dieser Angst in den Round Pen gegangen ist.

Kuriose Erfahrung

Das kurioseste Erlebnis schenkte uns eine türkische Teilnehmerin. Die gebildete, etwa 50jährige Frau hatte den größten Teil ihres Lebens in Deutschland verbracht. Sie sprach akzentfrei deutsch. Sie fühlte sich mit der deutschen Kultur verwachsen, ohne ihrer ursprünglichen Heimat entfremdet zu sein.

Nach der Einladungsszene hatte sich das (fremde) Pferd ihr zwar zugewendet, war allerdings – angesichts einiger Unsicherheiten in der Bewegung der Frau – auf ziemlicher Distanz stehen geblieben. Ihre Unsicherheiten hatten auch die Frau selbst irritiert. So stand sie da, ohne dass sich das Pferd auch nur einen Zentimeter auf sie zu bewegt hätte.

In den Seminaren machen wir immer wieder *Experimente*, weichen immer wieder vom Standard ab, so dass die Teilnehmer eine Vielzahl unterschiedlicher Aktionen und Reaktionen von Menschen und Pferden kennenlernen, *üben* und *erleben* können. In diesem Fall bat ich auch die Frau, es sich als Bild vorzustellen, wie das Pferd langsam auf sie zukommt. Ohne Ergebnis. Es dauerte mittlerweile schon geschlagene zehn Minuten. Das war zwar insofern kein Problem als ich das Einverständnis der Teilnehmerin für dieses Gedulds-Experiment hatte, jedoch strapazierte das Verfahren den Geduldsfaden aller Zuschauer erheblich.

Als schon niemand mehr an den Erfolg glaubte, machte sich das Pferd plötzlich, wie von Geisterhand bewegt, auf den Weg und war

1

nach zwanzig Schritten bei der glücklichen Frau. So weit, so schön, könnte man sagen. Doch das Verblüffende kam erst im Nachgespräch heraus: Die Türkin bekannte nämlich, dass sie – statt sich ein Bild zu machen – die ganze Zeit über „mit dem Pferd gesprochen“ habe: „Komm‘ doch her! Warum kommst Du denn nicht!“, und so manches andere. Doch ohne Erfolg. Und dann kam das Verblüffende: „Und als ich gar nicht mehr weiter wusste“, bekannte sie, „habe ich es in türkisch angesprochen. Und dann kam es.“

Natürlich verstand das Pferd kein türkisch. Aber wahrscheinlich konnte es eines: Unterscheiden, ob der Mensch da vor ihm authentisch war oder nicht. In deutsch war die nervöse Türkin offensichtlich nicht in der Lage, das innere Gleichgewicht zu finden, in ihrer Muttersprache aber sehr wohl. Das Pferd hatte es anscheinend ‚verstanden‘, und es konnte sich dem Menschen daraufhin anvertrauen.

Noch einmal: Band des Vertrauens

Manchmal, wenn sich das Pferd dem Menschen nicht anschließt, ist das Band des Vertrauens (s. auch S. 73, 161) einfach noch nicht stark genug. Ich vergleiche das dann mit zwei Verhandlungspartnern am ‚grünen Tisch‘, die mit ihren Argumenten einander bewegungslos gegenübersitzen. Niemand will nachgeben, jeder erwartet, dass sich der andere ihm annähert. Manchmal hilft es in einer solchen Situation, dem Verhandlungspartner Pferd einfach eine andere Perspektive zu bieten. Ich bitte den Menschen dann, ein

Bild 1 und 2: Nizsara hat sich Camilla angeschlossen und folgt ihr – hinter dem Rücken – durch den Round Pen. Das ist dann schon Schritt 9 des gesammten Verfahrens. Wenn Sie Bild 4 (S. 164) dazu vergleichen, dann sehen Sie, dass Camilla – um das Folgen einzuleiten – im rechten Winkel von Niszara weggegangen ist.

paar Schritte nach links oder rechts zu machen, *ohne* die Distanz zu verändern. Ich nenne das dann: Die Argumente verschieben, sie aus einer anderen Perspektive präsentieren (s. Bild 3, S.164).

Bisweilen zeitigt das Erfolg. Wenn nicht, muss das Band des Vertrauens auch hier Stück für Stück *verkürzt* werden, bis es stark genug ist. Der Teilnehmer geht dazu auf gewunden Bahnen, in Schleifen durch den Round Pen Richtung Pferd. Mit jeder Schleife nähert er sich dem Pferd ein wenig mehr. Dazu beschreibt er mehrere kleine Bögen auf das Pferd zu, und zwar so, dass er einmal von der einen Nasenseite des Pferdes kommt (und seine Schulterverlängerung somit diese Nase ‚drückt'), und dann, wenn der ‚Druck' nicht zum Ergebnis geführt hat, mit der Schulter ‚zieht', wenn er an der Nase vorbeigegangen ist.

Druck und Zug finden in dieser Phase nicht physisch statt, es handelt sich dabei nicht um ein direktes Gefühl, sondern wieder um ein indirektes. Man berührt das Pferd nicht, man ist ja viel zu weit entfernt. Der nicht-physische ‚Druck' und ‚Zug' der bereits beschriebenen ‚Stangen' und ‚Fäden', geht von der Verlängerung der menschlichen Schulter aus, wenn sie sich der Nüsternseite nähert oder sich davon entfernt.

Auch Menschen sollten die Erfahrung der Wirkung dieser nicht physisch wahrnehmbaren Energie machen, indem sie selbst in die Rollen von Mensch und Pferd schlüpfen (s. S.64-72). Und sie merken: Es hat entweder mit *Vertrauen* oder mit *Wollen* zu tun, ob ein

Pferd dem Gefühl *nachgibt* oder ihm folgt. Es handelt sich dabei – genau betrachtet – auch um eine *Respektfrage*: ob die Vorhand des Pferdes *weicht*, oder ob sie *folgt*. Der Respekt erweist sich dabei oft als Voraussetzung für Vertrauen, denn weicht die Vorhand aus, dann folgt sie bald auch nach. Der Mensch geht immer weitere Schleifen, notfalls bis direkt an den Pferdekopf heran. Bei einem Pferd, dem es sichtlich an Vertrauen zum Menschen fehlt, ist dies außerdem die einzige Weise, sich ihm zu nähern. Würde der Mensch auf geradem Weg auf das Pferd zugehen, würde es wahrscheinlich fliehen. Wer Monty Roberts auf Videos oder auf seinen Demonstrationen beobachtet hat, wird festgestellt haben, dass er die Pferde sehr häufig auf diese Art auf dem Hufschlag abholt – Diktat der Zeit! Wer eine limitierte 35-Minuten-Vertrauensarbeit machen möchte, muss halt ein bisschen tricksen.

Nur wenn das Pferd sich *beständig weigert*, sich dem Menschen anzuschließen, wenn Respekt und Vertrauen also noch am seidenen Faden hängen, ist es sinnvoll, das Pferd auf dem Hufschlag *abzuholen*. Doch auch hier ist wiederum darauf zu achten, es dem Pferd so leicht wie möglich zu machen, und es in größtmöglicher Freiheit entscheiden zu lassen. Daher bleiben wir auf unserem lateralen Weg für den Bruchteil einer Sekunde beim Pferd stehen und streicheln es sanft am Hals. Ein, zwei Handstriche genügen.

Bei den meisten Pferden wirkt das Wunder, und sie schließen sich einem an. Manche sind jedoch so misstrauisch oder willensstark, dass sie den letzten ‚Kick' brauchen, um einzuwilligen: Dann zupfen wir sie ganz kurz am Halfter, lassen aber sofort wieder los und gehen weiter. Nicht am Halfter festhalten! Das wäre gegen das *Erziehungsprinzip der möglichst freien Entscheidung*, auf dem das Joining-Verfahren beruht. Wenn selbst dies (nach mehrmaligen Versuchen) nicht zum Erfolg führt, heißt es: zurück zur Arbeit (Schritt 5).

8. Schritt: **Streicheln zwischen den Augen**

- *Begrüßung: Das Pferd am Hals streicheln*
- *Job: Das Pferd zwischen den Augen streicheln*

Wenn das Pferd sich dem Menschen angeschlossen hat, sollte es zunächst am Hals gestreichelt werden (streicheln, nicht klopfen!): Vertrauen gegen Vertrauen. Wir können hier die Begrüßungsszene kurz wieder aufnehmen, wenn das Pferd dies als angenehm empfunden hat.

Streicheln zwischen den Augen ist eine Vertrauensübung, denn das Pferd kann diese Stelle an seinem Kopf ja selbst nicht sehen. Es muss die menschliche Hand hinnehmen.

Dann jedoch kommt schon der nächste ‚*Job*': Das Pferd soll sich zwischen den Augen streicheln lassen. Wieso Job? Ganz einfach deshalb, weil es für das Pferd eine große Sache ist, sich zwischen den Augen streicheln zu lassen – an einer Stelle, die es *nicht kontrollieren* kann. Zu glauben, dass das Pferd es als ‚Lob' oder gar als Liebkosung empfindet, dort gestreichelt zu werden, wäre völlig verfehlt.

Dass Pferde es beim Joining oft gar nicht mögen, dort gestreichelt zu werden, zeigt sich daran, dass sie dann meist den Kopf zur Seite drehen. Einerseits sind sie so möglicherweise den lästigen Streichler los; andererseits können sie ihn wieder mit einem Auge kontrollieren. Wenn das Pferd in dieser Phase des Joinings den Kopf zur Seite abwendet, sobald sich Ihre Hand auf seine Stirn legt (oder auf dem Weg dorthin ist), dann machen Sie einen Schritt in die *Gegenrichtung*, weg vom Pferdekopf: Dreht das Pferd den Kopf nach rechts, gehen *Sie* einen Schritt nach links. Höchstwahrscheinlich ‚ziehen' Sie den Kopf damit wieder in Ihre Richtung (indirektes Gefühl) und können einen neuen Versuch starten. Es kommt so gut wie nie vor, dass ein Pferd in diesem Stadium sich noch ausdauernd weigert: Ein, zwei Versuche, dann ist das Thema ‚durch'.

9. Schritt: Folgen

- *Den unsichtbaren Faden knüpfen,*
- *den Faden fühlen,*
- *in einem Winkel weggehen,*
- *das eigene Tempo anpassen,*
- *das eigene Tempo vorgeben,*
- *Führungsbewusstsein,*
- *das Pferd mit der Schulter ziehen und drücken,*
- *größer werden,*
- *die Hinterhand wegschicken,*
- *die vier Energiestufen.*

Folgsamkeit: Basis der Ausbildung

Schon in den vergangenen acht Schritten dieses Joining-Kapitels war immer wieder einmal von folgen und Folgsamkeit in unterschiedlichen Bedeutungen die Rede: bei den Respektfragen etwa (Schritt 4), als wir testhalber das Pferd aufforderten, rückwärts sowie, mit der Vor- und der Hinterhand zu weichen und uns zu folgen; bei der Aufforderung zur Arbeit (fünfter Schritt); aber auch bei der Einladung (sechster Schritt), denn das Pferd sollte sich uns ja zuwenden. Auch dies ist Folgsamkeit, wenn auch zunächst nur mit dem Geist, mit (einem Teil) der Emotion und mit einem Teil

Zan folgt mir nach dem Joining. Sein Schweif verrät allerdings eindeutig Unwille.

seines Körpers: des Kopfs und des Halses nämlich; beim Joining selbst natürlich (siebter Schritt), der entscheidenden Phase der Folgsamkeit eines Pferdes; und sogar im achten Schritt, wenn das Pferd sich weigerte, seine Stirn streicheln zu lassen, und der Mensch dann in die Gegenrichtung fortging, um somit den Kopf des Pferdes wieder folgen zu lassen.

Schritt zwei und Schritt drei (Begrüßung und Seilhalfter anlegen) fordern hingegen nicht *Folgsamkeit*, sondern höchstens *Akzeptanz*. Denn ohne minimale Akzeptanz des Menschen würde das Pferd sich weder streicheln noch das Seilhalfter anlegen lassen. Und trotzdem haben auch diese beiden Schritte mit Folgsamkeit zu tun, denn ohne Akzeptanz liefe das Pferd weg oder würde sich gar wehren. Und dies wären dann eindeutige Zeichen von *Unfolgsamkeit*.

Folgsamkeit ist also das *Zentrum* all dessen, was wir vom Pferd als Voraussetzung für eine erfolgreiche und harmonische Ausbildung wollen. Der siebte Schritt, das Joining, war der entscheidende *Test* für die Folgsamkeit, dieser neunte Schritt bringt den eindeutigen *Beweis*.

Drei Arten der Folgsamkeit

Folgsamkeit beinhaltet immer drei Komponenten:

- die *geistige* Folgsamkeit – das Pferd *versteht*, was gemeint ist;
- die *emotionale* Folgsamkeit – das Pferd *sagt ja* zu dem, was gemeint ist;
- die *körperliche* Folgsamkeit – das Pferd *tut*, was gewünscht wird.

Die Qualität der Folgsamkeit

Die *Qualität* der *geistigen* und der *emotionalen* Folgsamkeit beweist sich im Maß und in der Art der Ausführung der *körperlichen* Folgsamkeit.
Der Grad der körperlichen Folgsamkeit erstreckt sich hierbei von den sichtbaren *kleinen* Bewegungen bis hin zu den *großen* Bewegungen.

- Kleine Bewegungen sind:
  - das *Hinhören* und *Hinsehen* des Pferdes, wenn Augen und Ohren auf den Menschen ausgerichtet sind sowie
  - das *Hinfühlen* des Pferdes, wenn es körperliche Spannung oder Entspannung zeigt, während es an seinem Standort verharrt. Kopf, Hals, Beine, Haut sind dabei entweder stark, wenig oder gar nicht in Bewegung.
- Große Bewegungen bedeuten:
  - das Pferd *geht dorthin*, wohin der Mensch es lenkt
  - das Pferd *kommt* zum Menschen.

Joining im fortgeschrittenen Stadium: Zan folgt mir in relativ kleinen Bögen. Meine rechte Schulter zieht seine Nase. Unsere Beine bewegen sich fast synchron. Schauen Sie auf mein linkes Bein und auf das von Zan. Allerdings folgt Zan nicht willig. Sein Schweifschlagen verrät es. Im unteren Bild will er mir mit seiner Nase überdies ein bisschen Druck machen: „Verschwinde!"

1

2

Bei *großen* Bewegungen sind folgende Abstufungen zu registrieren, die wiederum über das *Maß* und die *Qualität* seines Gehorsams und seiner Folgsamkeit Auskunft geben. Jedes Pferd *folgt* bei der Vorwärtsbewegung nämlich immer in dieser *Reihenfolge*:

1. Mit dem Kopf,
2. mit dem Hals,
3. mit den Vorderbeinen,
4. mit den Hinterbeinen.

3

4

Die Gleichzeitigkeit unserer Beinbewegungen ist beim Folgen im oberen Bild noch vorhanden und Zan folgt weiterhin meiner (rechten) Schulter. Im unteren Bild ist die Synchronität jedoch verloren gegangen. Grund: Zan hat die Taktik seines Widerstands geändert. Statt mit dem Schweif zu schlagen und mit der Nase zu drohen, hat er mich nun einfach auf seine anderen Körperteile bugsiert. Statt zu ziehen, muss ich nun drücken. Aus der Sicht des Pferdes hat er mich mit dieser minimalen Kopfdrehung ein Stückchen bewegt.

Voraussetzung für die großen Bewegungen sind natürlich die kleinen. Es leuchtet ein, dass ein Pferd nur dann wirklich folgsam ist, wenn es alle vier Bewegungsaktionen der Reihe nach vollführt, und zwar möglichst prompt und flüssig. Die Wahrnehmung der kleinen Bewegungen und die einzelnen Komponenten der großen Bewegungen helfen immens, Gefühle und Absichten des Pferdes zu erkennen. Bei der Einschätzung seiner Folgsamkeit sind deshalb die kleinen und die großen Bewegungen genau zu beobachten und zu registrieren.

Das Spiel geht weiter:
Bild 1: Um wieder in Zug-Position zu kommen, habe ich mich nach links gedreht. Zunächst folgt Zan mit seinem Kopf.
Bild 2: Dann jedoch blockt er mich wieder ab und sorgt dafür, dass ich wieder die Seite wechsele.

Blättern Sie doch einfach noch einmal zurück zu Schritt 7. Dort ist beschrieben, was Sie tun können, wenn das ‚Band des Vertrauens' noch nicht fest genug ist. Beim Perspektivenwechsel ging es ja darum, zunächst die Augen des Pferdes zu bewegen, seine Aufmerksamkeit somit auf einen neuen Punkt zu richten. Sie erinnern sich doch auch noch daran, dass Physis (der Körper) die Gefühle verändert. Wenn man also den Körper verändert (seinen eigenen

Bild 3: Ich drehe den Spieß um: Ich greife Zans Taktik, die Seite bestimmen zu wollen, an der ich stehe, auf und drücke nun aus dieser Position seinen Kopf von mir weg (natürlich ohne ihn zu berühren).
Bild 4: Zugleich beschleunige ich meinen Schritt, so dass ich wieder in die Zug-Position gelange. Schauen Sie Zan's Halsmuskulatur an, wie sie sich strafft in dem Augenblick, da ich beschleunige. Bei allen Aktionen kreuzt das Pferd allerdings ständig mit den Vorder- und Hinterbeinen und macht somit Respektbewegungen.

oder einen anderen), verändert man damit auch ein stückweit seine eigenen Gefühle oder die des anderen. Und um ein Gefühl handelt es sich auch beim Pferd, wenn es Ja oder Nein sagt.

Um nichts anderes geht es auch hier: Dadurch, dass das Pferd nur einen kleinen Teil seines Körpers verändert, indem es die *Augen* in eine andere Richtung dreht, kann schon eine Veränderung im Gefühl herbeigeführt werden. Als nächstes wird das Pferd auch seinen *Kopf* in Ihre Richtung bewegen, dann vielleicht den *Hals* und schließlich die *Hufe*. Die kleine Bewegung hätte dann eine große Bewegung ausgelöst.

Es ist unbedingt entscheidend, wenn die große Bewegung – das Folgen – zunächst ausbleibt, auch dieses Ziel wieder in kleine (Salami-) Scheibchen aufzuteilen: Augen folgen lassen, Kopf folgen lassen, Hals folgen lassen, dann folgen bald auch Schulter und Beine. Erinnern Sie sich an den Außenwechsel. Auch dort haben wir damit begonnen, zuerst das Auge ‚wegzuschicken', dann den Kopf des Pferdes, dann Hals, dann Schulter und Vorderbeine.

Dasselbe gilt für das Heranholen und das Hinterherlaufen des Pferdes: Zuerst muss das Auge folgen, dann der Kopf, dann Hals, Schulter und Beine. Als Faustformel für die Einschätzung der Folgsamkeit Ihres Pferdes können Sie sich merken: Je weniger Sie vom Körper des Pferdes bewegen (z. B. nur Auge oder nur Kopf), desto weniger Folgsamkeit haben Sie erreicht. Umgekehrt gilt entsprechend: Je mehr vom Körper des Pferdes Sie bewegen, desto mehr Folgsamkeit haben Sie erreicht.

Der Genauigkeit halber muss allerdings hinzugefügt werden: Die Qualität der Folgsamkeit hängt auch vom *Energieaufwand* des Menschen ab. Wenn mir beim Folgsamkeitstraining die Zunge vor Anstrengung aus dem Hals hängt und die Arme vom Ziehen zittern, dann mag ich das Pferd zwar bewegt haben, mit seiner Folgsamkeit ist es aber dennoch nicht weit her. Erst wenn *kleinste Signale* reichen, das Pferd zu bewegen, dann kann von wirklicher Folgsamkeit gesprochen werden.

Technik: So etablieren Sie die Folgsamkeit

Sollte sich das Pferd Ihnen angeschlossen haben, und konnten Sie es zwischen den Augen streicheln, so ist das Folgen wahrscheinlich keine große Sache mehr. Beenden Sie das Streicheln zwischen den Augen immer zusätzlich mit einer sanften Berührung des Pferdes am Hals. Wenn Sie an der linken Seite des Pferdes stehen, streicheln Sie es mit Ihrer rechten Hand an seiner linken Halsseite. Stellen Sie sich dann vor, wie Sie den unsichtbaren Faden knüpfen (auf dieser Seite) zwischen Ihrer rechten Schulter und der linken Nüster des Pferdes. Wenden Sie sich dann in einer *Drehung nach links* und gehen Sie *langsam* weg – und zwar in einem Winkel zwischen 10 und 90 Grad.

Gehen Sie *nicht schnurgeradeaus* davon, denn so kann das Pferd Sie unter Umständen nicht richtig sehen. Bliebe es dann stehen, würden Sie vielleicht denken, es sei unfolgsam. Dabei haben Sie ihm nur keine Chance gegeben, Sie optisch richtig wahrzunehmen. Machen Sie selbst einmal den „Seh-Test“ aus der Perspektive eines Pferdes. Nehmen Sie dazu den Blickwinkel eines Fluchttiers ein: Schauen Sie zunächst geradeaus auf ein Objekt oder auf einen Menschen in ein paar Meter Entfernung. Jetzt ballen Sie die Hand zur Faust und setzen Ihre Faust auf Ihren Nasenrücken. Ihr gebogener Zeigefinger liegt an der Stirn an. Und? Das Objekt (oder der Mensch) ist verschwunden! So ähnlich ‚sieht‘ auch Ihr Pferd, das seine Augen ja links und rechts am Kopf hat.

Die Chance, dass Ihr Pferd Ihnen im 10- bis 90-Grad-Winkel folgt, ist deshalb recht groß. Gehen Sie nun voran, achten Sie aber auf das *Tempo Ihres Pferdes*. Passen Sie sich seinem Schritt an. Und achten Sie auch darauf, dass das Pferd *hinter* Ihrer Schulterlinie bleibt. Würden Sie es zulassen, dass es überholt, so hätte es im wahrsten Sinn des Wortes ‚die Nase vorn’ und würde somit *Sie* führen. Je sicherer das Pferd folgt, desto eher können Sie versuchen, die Geschwindigkeit zu bestimmen. Probieren Sie es jedoch nicht zu früh.

Gehen Sie nun ein paar Runden durch den Round Pen. Zunächst in größeren Bögen, später (das kann auch erst beim zweiten oder dritten Joining sein!) lassen Sie das Pferd – wie auf den vorherigen Seiten zu sehen – auch engere Wendungen machen. Aber achten Sie darauf, dass das Pferd immer hinter Ihnen bleibt, und fühlen Sie die Fäden! Je enger die Wendung, die Sie gehen, desto größer der Winkel, in dem Sie sich vom Pferd abwenden. Bei einer 90-Grad-Wendung (sagen wir: nach links) muss das Pferd dazu schon mit den Hufen überkreuzen, wenn es Ihnen prompt folgen will.

Ebenfalls muss es kreuzen, wenn Sie in die Gegenrichtung (also nach rechts) abwenden: dann ‚drücken’ Sie die Nase des Pferdes von sich weg, während Sie bei der Linkswendung seine Nase ‚gezogen‘ haben. Beide Arten des Folgens sind zugleich eine Respektbewegung des Pferdes.

Tendenziell ist ‚drücken’ fordernder als ‚ziehen’. Warum? Die Antwort müssten Sie schon wissen. ‚Drücken’ heißt: den Raum (für das Pferd) eng machen; ‚ziehen’ heißt: den Raum größer machen, dem Pferd Platz lassen und nur noch auf die Zugwirkung der unsichtbaren Fäden setzen. Beides hat (möglicherweise) aber auch seine Nachteile: Beim ‚Drücken’ kann es nämlich sein, dass Sie den Abwehrreflex des Pferdes aktivieren, und es bleibt stehen, lässt Sie kollidieren, oder es hebt einfach seine Nase über Ihren Kopf. Effekt: Sie laufen ins Leere.

Wenn dies geschehen sollte, wissen Sie erstens, dass Sie etwas falsch gemacht haben (z.B. mit zu wenig Energie die Richtung gewechselt haben), oder dass es mit der Folgsamkeit Ihres Pferdes noch nicht so rasend weit her ist.

In diesem Fall versuchen Sie es erneut, legen in Ihren Richtungswechsel aber mehr (Führungs-) Bewusstsein, freundlich aber bestimmt: „Platz da, hier komme ich!“ Denken Sie an die Energiestufen: Holen Sie tief Luft, plustern Sie sich ein wenig auf, eventuell nehmen Sie auch eine Hand zu Hilfe, die Sie hochheben, wenn Sie sich Richtung Pferdekopf wenden. Wichtig dabei ist, dass Ihre Hand immer höher reicht als die Nase des Pferdes. Sollten Sie selbst nur 1,60 Meter groß sein, Ihr Pferd aber über ein Stockmaß von 1,70 Meter verfügen, sollten Sie eine lange Gerte dabeihaben, womit Ihr Arm im Notfall um anderthalb Meter verlängert wird.

Natürlich setzen Sie weder Hand noch Gerte oder Stock zum Schlagen ein (leichte Berührung: ja, aber mehr nicht!), sondern nur um *Größe* zu signalisieren. Pferde beeindruckt das ungemein, wenn jemand die Nase höher heben kann als sie selbst. Das ist auch der Grund fürs Steigen von rivalisierenden Hengsten. Das Steigen allein soll den Gegner schon so beeindrucken, dass dieser vielleicht klein beigibt.

Beim ‚Ziehen' kann es sein, dass Ihr Pferd nicht mitzieht und einfach stehen bleibt. Auch hier mag mangelnde *Folgsamkeit* die Ursache sein oder mangelndes *Führungsbewusstsein* Ihrerseits. In beiden Fällen gehen Sie folgendermaßen vor: Als erstes aktivieren Sie mehr (Führungs-)Bewusstsein: hoffen Sie nicht, dass Ihr Pferd Ihnen folgt, sondern *wissen* Sie es. Ihr Pferd wird Ihnen nur folgen, wenn Sie selbst davon überzeugt sind.

Ihre Überzeugung gewinnt an Gewissheit mit dem zweiten Verfahrensschritt: der Einwirkung auf die Hinterhand. Nehmen wir wieder an, dass sich Ihr Pferd beim Ziehen auf der linken ‚Hand' befindet. Sie sind zwei, drei Schritte nach links gegangen, im Winkel zwischen vielleicht 20 und 70 Grad. Ihr Pferd macht keine Anstalten zu folgen. Drehen Sie sich nun ein bisschen weiter nach links in einem kleinen Bogen, so dass Sie, wenn Sie Ihren Kopf drehen, auf die (linke) Hinterhandseite Ihres Pferdes schauen können.

Schauen Sie *scharf* hin, deuten Sie mit Ihrem Kopf Richtung Pferdehintern. Das ist die *erste* Energiestufe der Einwirkung, um die Hinterhand des Pferdes nach außen (in diesem Fall nach rechts) zu bewegen. Wundern Sie sich nicht: Ihr Blick *hat* diese Energie (und wenn jetzt noch nicht, dann auf jeden Fall später!).

Sollte sich Ihr Pferd mit der Hinterhand nach außen bewegen, machen Sie – aus dieser Position heraus – wiederum ein, zwei Schritte nach vorn . Sie ‚ziehen' damit die Nase des Pferdes wiederum ein Stück (zumindest geben Sie ihr die Aufforderung, Ihrem Zug zu folgen). Achten Sie aber darauf, dass der Ihnen zugewandte Hinterhuf des Pferdes vor den jeweils äußeren tritt. Huft das Pferd dahinter auf, so will es sich Ihnen entziehen. Hat's funktioniert, dann freuen Sie sich, führen das Pferd noch ein Stück weiter, um dann zum abschließenden Schritt 10 zu kommen.

Hat es nicht funktioniert, und Ihr Pferd ist weder mit der Hinterhand *gewichen* noch mit der Vorhand *gefolgt*, dann gehen Sie zu Energiestufe zwei über: Drehen Sie sich nun so, dass Sie frontal zur Hinterhand*seite* des Pferdes stehen, also mit Ihrer gesamten Breitseite. Unter Umständen sind Sie dazu aus Ihrer Ausgangsposition noch ein, zwei Schritte weiter im Bogen gegangen und stehen nun idealerweise annähernd im rechten Winkel zur Hinterhand etwa auf gleicher Höhe. Ihr (Sicherheits-)Abstand zum Pferd sollte dabei mindestens zwei Meter betragen.

Schauen Sie wieder intensiv (Körpersprache!) mit nach vorn gestrecktem Kopf auf die Hinterhandseite Ihres Pferdes, genau dahin, wo sich das Brandzeichen befinden würde. Weicht die Hinterhand aus, dann drehen Sie sich (auf dieser Seite) nach links, so dass das Pferd sich hinter Ihrer Schulter befindet und ziehen Sie seine Vorhand ohne Berührung ein, zwei Schritte nach vorne. Geklappt? Prima, dann wieder ein paar Meter gehen und Abschluss mit Schritt 10.

Hat's nicht geklappt? Dann kommt Energiestufe drei. Heben Sie nun Ihren (auf dieser Seite) rechten Arm mit dem Seil Richtung Hinterhandseite, Ihr scharfer Blick bleibt ebenfalls auf diesen Körperteil gerichtet. Schwenken Sie das Seil ein bisschen Richtung Hinterhand, etwa so wie ein katholischer Pfarrer das Weihwasserfass. Kommt eine Bewegung: Drehung, vorwärts gehen – alles wie oben. Kommt keine Bewegung: Dann gehen Sie zu Energiestufe vier über und schwingen das (ausreichend lange) Seilende flott mit sirrendem Ton Richtung Pferdepoposeite, bis es trifft. Spätestens jetzt wird sich das Pferd zu einer Ausweichbewegung genötigt sehen. Sie lächeln dann, drehen sich – wie beschrieben – und führen das Pferd ein paar Meter hinter sich her.

Möglicherweise wird Ihr Pferd das Spielchen noch ein paar Mal spielen. Beginnen Sie immer mit Stufe eins und steigern Sie Ihre Einwirkungsenergie – wenn nötig – stufenweise bis zum gewünschten Ergebnis. Nach und nach werden Sie Kontrolle über die Hinterhand des Pferdes bekommen (seinen ‚Motor') und über seine Vorhand (die ‚Lenkung'). Machen Sie sich klar: Hier liegt der Schlüssel für alle Bewegung und der Schlüssel für den sicheren Umgang mit Pferden: die Vorhand und die Hinterhand eines Pferdes kontrollieren zu können.

Nur wenn dies (nach mehrmaligen Versuchen) nicht zum Erfolg führt, das Pferd beharrlich seinen Standpunkt verteidigt und keinen Schritt folgen möchte, heißt es: zurück zur Arbeit (Schritt 5). In der Regel folgen die Pferde jedoch, wenn Sie bereits so weit gekommen sind. So können Sie nun den abschließenden Schritt 10 machen.

10. Schritt: Verabschiedung

- *Das Pferd streicheln,*
- *sich von allen Erwartungen und Forderungen lösen,*
- *den 'Trainingsanzug' ausziehen,*
- *den Round Pen verlassen.*

Dies ist der kürzeste Schritt von allen, dennoch ist er genau so wichtig wie alle anderen. Wenn Ihnen Ihr Pferd bis hierhin gefolgt ist, auf der rechten Hand ebenso willig wie auf der linken Hand, können Sie diese Trainingseinheit beenden. Wie bei allem Umgang mit Pferden (und mit Menschen) bestimmt der letzte Eindruck wesentlich mit darüber, wie die nächste Begegnung aussieht. Nachdem Sie den freiwilligen Anschluss und die Folgsamkeit des Pferdes erreicht haben, ‚bedanken' Sie sich nunmehr bei Ihrem Pferd für die geleistete Arbeit, und setzen einen versöhnlichen Schluss-

Streicheln Sie Ihr Pferd zum Abschluss und setzen Sie einen versöhnlichen Schlusspunkt.

punkt – auch und gerade wenn die vorangegangenen Minuten vielleicht ein wenig kontrovers verlaufen sind.

Streicheln Sie Ihr Pferd ausführlich, vor allem an den Stellen, die es mag und die Sie (hoffentlich) bereits herausgefunden haben. Setzen Sie von diesem Augenblick an keine Erwartungen mehr in Ihr Pferd. Machen Sie sich dies bewusst: Das Pferd darf ab diesem Augenblick tun und lassen, was es möchte. (Natürlich darf es Sie weder treten, noch beißen oder rempeln! Bleibt es bei Ihnen: prima; geht es weg: auch gut.

Ziehen Sie ihm seinen ‚Trainingsanzug' aus, nehmen also das Seilhalfter von seinem Kopf und verlassen Sie den Round Pen. Wenn Sie Ihr Pferd zurück auf Wiese oder Paddock führen müssen, lassen Sie – je nach Ausbildungsstand Ihres Pferdes (das heißt, ob es sich sicher führen lässt, also mit der Nase hinter Ihnen bleibt) – das Seilhalfter dran oder wechseln es gegen das Stallhalfter. Am besten ist es jedoch, Sie lassen dem Pferd ein paar Minuten der Besinnung, allein im Round Pen. Gehen Sie dazu weg außer Sichtweite des Pferdes.

Nachdem Sie dem Pferd das Seilhalfter abgenommen haben, lassen Sie ihm noch einige Minuten allein im Round Pen.

Experimentieren und ausprobieren

In diesem Kapitel werden Sie vor Zauberformeln und starren Methoden gewarnt, und Sie werden ermutigt, stattdessen immer wieder neu herauszufinden, was am besten funktioniert.

Alles, was Sie in diesem Buch (und im nächsten Praxisbuch) finden, versteht sich nicht *in erster Linie* als feststehende *Methode*, um Pferde zu trainieren, sondern als *Wegweiser*, wie Sie Ihr *Denken und Fühlen* in der Kommunikation mit Pferden entwickeln können. Konzentrieren Sie sich deshalb nicht ausschließlich darauf, jede einzelne technische Anweisung immer penibel nachzuvollziehen, sondern üben Sie sich zuvorderst im *Verständnis*. Verständnis ist dann erreicht, wenn Denken und Fühlen *eins* werden.

Das bedeutet nicht, dass Sie die hier beschriebenen Vorgehensweisen nicht präzise üben sollten, im Gegenteil: Um *gute Gewohnheiten* aufzubauen, ist es notwendig, die einzelnen technischen Schritte drei bis sechs Wochen diszipliniert und genau zu trainieren (beim Joining allerdings *nicht* mit nur *einem* Pferd!). Wenn Sie die Grundlagen beherrschen, braucht es noch einmal ein paar Monate, um sicher zu werden, doch dann ist der Anfang getan, dass die Vorgehensweisen Ihnen in Fleisch und Blut übergegangen sind.

Doch auch wenn Sie präzise üben, sollten Sie im Grunde ständig *experimentieren* und *ausprobieren*, um herauszufinden, wie die einzelnen Übungen *am besten* funktionieren. Manchmal braucht es nur eine kleine Veränderung in Ihrem Vorgehen, um dem Pferd den Weg zu zeigen und sein Verstehen zu erleichtern. Am einfachsten geht es immer, wenn es Ihnen gelingt, die *Aufmerksamkeit* des Pferdes zu erlangen, *ohne* dafür seinen Körper berühren zu müssen. Es ist nicht allzu schwer, herauszufinden, ob ein Pferd versteht, was Sie von ihm wollen, denn wenn es etwas *nicht* verstanden hat, zeigt es dies sehr schnell und dann wird es möglicherweise zu einem Problem für Sie.

Um im Umgang mit Pferden voran zu kommen, dürfen Sie mit dem Experimentieren und dem Ausprobieren auch später nicht aufhören. Sie müssen und sollten *immer* (bereit sein zu) experimentieren, sonst laufen Sie Gefahr, starr zu werden. Und *starre Menschen* laufen Gefahr, *sture Pferde* zu haben.

Beobachten statt starrer Methode

Worum es also geht, ist ein *Verständnis* dafür zu entwickeln, wie wir in unterschiedlichsten Situationen mit Pferden kommunizieren können, und wie wir ihnen unsere Wünsche präsentieren müssen, um die Ergebnisse zu erzielen, die wir wünschen. Und das kann von

Pferd zu Pferd sehr unterschiedlich sein. Das ist der Grund dafür, warum wir vorsichtig sein sollten mit der Anwendung von *starren Methoden*.

Was uns hilft, ist stattdessen: *Beobachtung und Wahrnehmung*. Denn jedes Pferd ist ein Individuum, so wie wir Menschen auch. Leider übersehen wir das gerne, weil es uns einfach zu anstrengend ist. Aber genau darin liegt die Ursache für so manches Missverständnis und so manches Problem. Weil jedes Pferd ein Individuum ist, ist das Gefühl, das unterschiedliche Pferde uns als Antwort auf unser Verhalten präsentieren, auch jeweils unterschiedlich. Und das nicht nur bei verschiedenen Pferden. Jedes einzelne Pferd kann jeden Tag anders sein, es kann anders *fühlen* und sich anders *anfühlen*, und zwar solange bis Mensch und Pferd einen gemeinsamen Nenner gefunden haben.

Und selbst dann noch kann es sein, dass das eine oder andere im Pferd Widerstand hervorruft. Dann müssen wir eben wieder aufs Neue herausfinden, wie wir auch in diesem Punkt auf einen gemeinsamen Nenner kommen. Wer damit nicht schon im voraus rechnet, könnte entmutigt werden, und dann könnte er die entscheidenden Fehler machen. Nehmen Sie es einfach, wie es ist: Pferde sind so. Wer sich das nicht klar macht, wird schnell irritiert, und er weiß dann überhaupt nicht mehr, was er tun soll.

Es gibt nicht *die eine und einzige Antwort* und auch keine *Zauberformel* im Umgang mit Pferden, obwohl viele Menschen sich genau dies wünschen. Die Anwendung von Methoden bringt Ergebnisse. Wenden Sie nur *eine* Methode an, wird Ihr Erfolg sehr beschränkt bleiben, wenden Sie *mehrere* Methoden an, wird sich Ihr Erfolg steigern. Doch diese Logik lässt sich nicht fortführen, denn: Wenden Sie zu viele Methoden an, ernten Sie nur Verwirrung, bei sich selbst und bei den Pferden.

Das Training, wie es in diesem und im nächsten Praxisbuch angeboten wird, mit all seinen technischen Schritten und Verfahrensweisen, kann als *Basis-Methode* für alle anderen Methoden verstanden werden. Entscheidend aber ist: Es schult Sie darin, *feinfühlig* zu werden, und somit mit jedem *Pferd auf seiner Ebene* zu kommunizieren. Vergessen Sie daher nicht: Weder Verfahrensweisen noch Technik stehen hier im Vordergrund, sondern *das Pferd und Sie*. Ziel ist es nicht, Verfahrensweisen und Technik zu beherrschen, sondern Sie sollen lernen, sich *selbst* zu beherrschen, und auf diesem Weg das Pferd.

Machen Sie´s gut! Ich wünsche Ihnen Glück und Gesundheit, und mögen Sie ein Glück für Ihr Pferd sein.

Service

Nützliche Adressen

Heinz und Sabine Welz
Auf der Bleiche 10
51570 Windeck
e-Mail: Heinz.Welz@t-online.de
www.heinzwelz.de

Vereinigung der Freizeitreiter und -fahrer in Deutschland (VFD)
VFD Bundesgeschäftsstelle
Zur Poggenmühle 22
D-27239 Twistringen
Tel. +49-(0)4243-942404
Fax +49-(0)4243-942405
e-Mail: bundesgeschaeftsstelle@vfdnet.de
www.vfdnet.de

Österreichischer Pferdesportverband (OEPS)
Geiselbergstraße 26-32/Top 512
A-1110 Wien
Tel. 0043-(0)1-7499261
Fax 0043-(0)1-7499261-91
E-Mail: office@oeps.at
www.oeps.at

Schweizer Verband für Pferdesport (SVPS)
Papiermühlestr. 40 H
CH-3000 Bern 22
Tel. +41-(0)31-3354343
Fax +41-(0)31-3354358
e-Mail: info@fnch.ch
www.fnch.ch

Quellen

Deutsche Reiterliche Vereinigung e.V. (Hrsg.): Richtlinien für Reiten und Fahren (Bd. 1), Warendorf 2000
Dorrance, Bill/ Desmond, Leslie: True Horsemanship Through Feel, Novato, Ca, 1999
Dorrance, Tom: True Unity – Willing Communication Between Horse and Human, Bruneau, ID, 1987
Dreikurs, Rudolf / Grey, Loren: Kinder lernen aus Folgen, Freiburg 1973
Evans, Nicholas: Der Pferdeflüsterer, München 1995
Feldenkrais, Moshé: Das starke Selbst, Frankfurt 1989
Hempfling, Klaus Ferdinand: Mit Pferden tanzen, Stuttgart 1993, 2001
Madáy, Stefan von: Psychologie des Pferdes und der Dressur, Hildesheim 1986
Mehrabian/Ferris: „Interference of Attitudes from Nonverbal Communication in Two Channels“ (in: The Journal of Counselling Psychology, 1967)
Molcho, Samy: Alles über Körpersprache, München 1995
Müseler, Wilhelm: Reitlehre, Berlin und Hamburg 1977
Parelli, Pat: Natural Horsemanship, Wipperfürth 1995
Rashid, Mark: Horses Never Lie, Boulder, Co, 2000
Richardson, Clive: Die Wahrheit über Pferdeflüsterer, Lüneburg 1999
Roberts, Monty: Der mit den Pferden spricht, Bergisch Gladbach 1997
Zeeb, Klaus: Die Natur des Pferdes, Stuttgart 1998
ders.: Pferde – dressiert von Fredy Knie, Bern 1974

Zum Weiterlesen

Aguilar, Alfonso / Roth-Leckebusch, Petra: Wie Pferde lernen wollen; Bodenarbeit, Erziehung und Reiten, KOSMOS 2012
Der Mexikaner Alfonso Aguilar ist bekannt für seine einfühlsame Art, Pferde zu trainieren. Er zeigt in diesem Buch anhand vieler praktischer Übungen, wie Pferde in ihrem Wesen individuell begriffenund gefördert werden können.

Rashid, Mark: Denn Pferde lügen nicht; Neue Wege zu einer vertrauten Mensch-Pferd-Beziehung, KOSMOS 2012
Als einer der bekanntesten und erfahrensten Pferdeausbilder Nordamerikas, setzt Mark Rashid in seiner Arbeit mit Pferden auf Respekt und Vertrauen anstelle von Dominanz.

Rashid, Mark: Der von den Pferden lernt; Ein Horseman, der zum Schüler seines Pferdes wird, KOSMOS 2007
Humorvoll und einfühlsam erzählt der Pferdetrainer, wie er durch sein Pferd Buck einen neuen Blickwinkel für den Umgang mit Mensch und Tier und dem eigenen Leben bekam.

Resnick, Carolyn: Tochter der Mustangs; Mein Leben unter Wildpferden, KOSMOS 2012
Bewegende Erlebnisse einer Frau, die das Vertrauen einer Wildpferdeherde erlangt. Dieses Buch stillt die Sehnsucht nach tiefer Verbundenheit mit den Pferden und zeigt einen Weg, sich partnerschaftlich mit ihnen auszutauschen.

Schöning, Dr. Barbara: Pferdeverhalten; Körpersprache und Kommunikation, Probleme lösen und vermeiden, KOSMOS 2008
Diese moderne Verhaltenslehre basiert auf dem neuesten Stand der Forschung. Sie erklärt wissenschaftlich fundiert und für jedermann verständlich, wie und warum Pferde ein bestimmtes Verhalten zeigen und welche Konsequenzen dies für einen artgerechten Umgang hat. Neben dem Normalverhalten werden auch problematische Verhaltensweisen aufgegriffen und pferdefreundliche Trainingsansätze vorgestellt.

Tellington-Jones, Linda mit Lieberman, Bobby: Tellington Training für Pferde, KOSMOS 2007
In diesem Lehr- und Praxisbuch stellen die Autorinnen neue Ausbildungswege an schwierigen und verstörten Pferden darstellt. Hierbei bringt sie ihre jahrzehntelange Erfahrung ein, um eine harmonische Bindung zwischen Mensch und Pferd zu schaffen.

Welz, Heinz: Entdecke den Horseman in Dir; Elf Schritte zu Gelassenheit und Sicherheit, KOSMOS 2003
Ein „Horseman" versteht, wie Pferde denken und fühlen – Kommunikation und Einfühlungsvermögen sind dazu der Schlüssel. In elf leicht nachvollziehbaren Lernschritten weist Ihnen der Autor den Weg zum wahren „Horsemanship".

Register